westermann

AF634766

Erdkundliches Förderheft 2

Autorin:
Norma Kreuzberger

Unter Mitwirkung der
Verlagsredaktion

Inhalt

Welche Kräfte verändern die Erde?

Wie unterscheidet sich das Klima auf der Erde?

Wie leben die Menschen in der tropischen Klimazone?

Wie leben die Menschen in der Polarzone?

Wie entwickelt sich die Weltbevölkerung?

Wie verändern sich die Städte der Erde?

Ein Blick ins Erdinnere

1 Am Meeresboden gibt es bis zu 4000 m hohe Gebirge.
2 Im Atlantischen Ozean heißt dieses Gebirge **Mittelatlantischer Rücken**.
3 Bei Island reicht das Gebirge bis über den Meeresspiegel.
4 Island liegt also auf dem Mittelatlantischen Rücken.
5 Der Mittelatlantische Rücken hat in der Mitte eine tiefe Spalte.

M1 Blick in eine Erdspalte auf Island

6 Aus der Erdspalte quillt ständig **heißes Gesteinsmaterial**.
7 Man nennt es **Magma**.
8 Es kühlt ab und bildet **neuen Ozeanboden**.
9 Der Ozeanboden wird auf beiden Seiten der Spalte **nach außen gedrückt**.
10 **Heiße Ströme** im **zähflüssigen Erdinneren** sind die Ursache dafür.

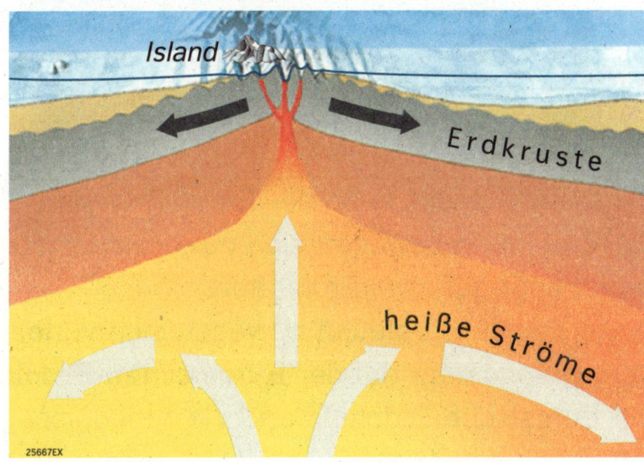

M2 Die Erdspalte – von der Seite betrachtet

Aufgaben:

1. Ergänze die Sätze.

Island liegt auf dem M _ _ _ _ _ A _ _ A _ _ _ _ _ _ _ _
R _ _ _ _ _ .

Bei Island steigt heißes G _ _ _ _ _ _ _ M _ _ _ _ _ _ _ aus dem Erdinneren auf.

Wenn Magma abkühlt, entsteht neuer O _ _ _ _ _ O _ _ _ .

Die Ursache dafür sind heiße Ströme im _ Ä _ _ _ Ü _ _ _ _ _ _ Erdinneren.

2. Richtig oder falsch? Kreuze die richtige Antwort an.

☐ An der Spalte wird der Ozeanboden zusammengeschoben.

☐ An der Spalte wird der Ozeanboden nach außen gedrückt.

Die Erde – ein Puzzle aus Erdplatten

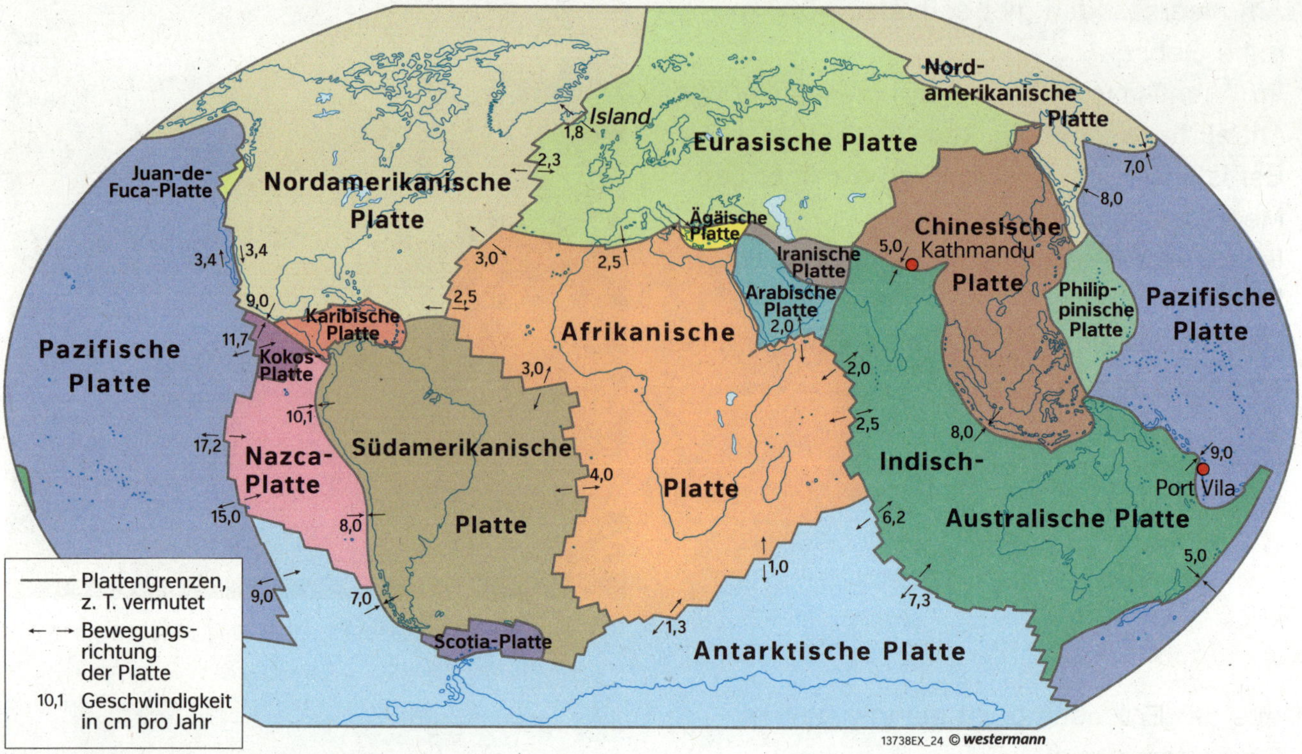

M1 Erdplatten und ihre Bewegungen

Die feste Gesteinshülle der Erde ist in viele **Erdplatten** zerbrochen. Die Erdplatten bewegen sich auf einer zähflüssigen Schicht im Erdinneren. Island liegt auf zwei Erdplatten. Diese beiden Erdplatten bewegen sich **voneinander weg**. Deutschland liegt auf der **Eurasischen Erdplatte**. Die Eurasische Erdplatte und die Afrikanische Erdplatte bewegen sich **aufeinander zu**.

Aufgabe:

1. Ergänze mithilfe von M1 die Angaben in der Tabelle.

Erdplatten	Bewegungsrichtung	Geschwindigkeit in cm pro Jahr
Eurasische Platte und Nordamerikanische Platte bei Island		
Eurasische Platte und Afrikanische Platte		
Pazifische Platte und Kokos-Platte	voneinander weg	
Chinesische und Indisch-Australische Platte bei Kathmandu		5,0
Indisch-Australische Platte und Pazifische Platte bei Port Vila		

Die Anden – ein Gebirge am Plattenrand

1 Die **Anden** sind ein **Hochgebirge**.
2 Die höchsten Berge sind über 6000 m hoch.
3 Der **höchste Berg** ist der Aconcagua.
4 Er ist 6962 m hoch.
5 Er liegt in **Argentinien** an der Grenze zu Chile.

M1 Die Anden

6 Die Anden liegen am westlichen Rand der **Südamerikanischen Platte**.
7 Hier bewegen sich Erdplatten **aufeinander zu**.
8 Die Südamerikanische Platte stößt gegen die Nazca-Platte und die Antarktische Platte.
9 Die Nazca-Platte und die Antarktische Platte sind vom **Pazifischen Ozean** bedeckt.
10 Sie sind schwerer als die Südamerikanische Platte.
11 Deshalb schieben sie sich unter die Südamerikanische Platte.
12 Der Rand der Südamerikanischen Platte wird dabei zu einem **Faltengebirge** zusammengeschoben.

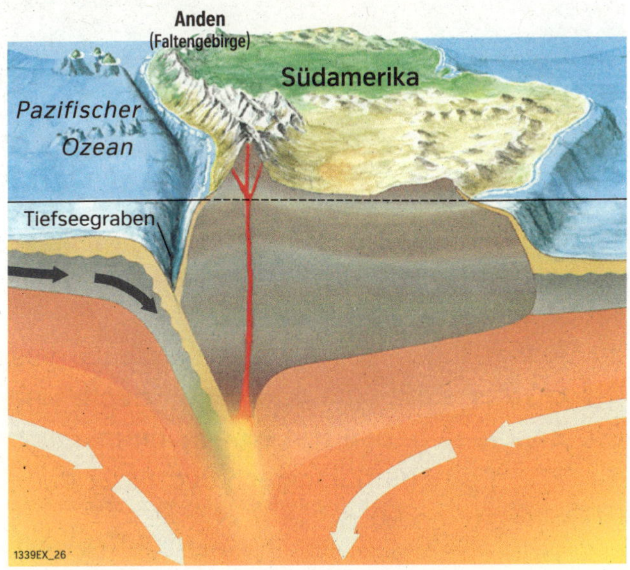

M2 Die Anden – von der Seite betrachtet

Aufgabe:

1. Ordne zu wie im Beispiel.

Schwerere Erdplatten	stößt gegen die Nazca-Platte.
Die Anden	ist schwerer als die Südamerikanische Platte.
Der höchste Berg der Anden	bewegen sich aufeinander zu.
Die Südamerikanische Platte	schieben sich unter leichtere Erdplatten.
Die Nazca-Platte	liegen die Anden, ein Faltengebirge.
Am westlichen Rand der Südamerikanischen Platte	sind ein Hochgebirge.
Die höchsten Berge der Anden	sind über 6000 m hoch.
Nazca-Platte und Südamerikanische Platte	ist der höchste Berg in den Anden.
Der Aconcagua	liegt in Argentinien.

Vulkane – Leben mit der Gefahr

M1 Ein Vulkan bricht aus.

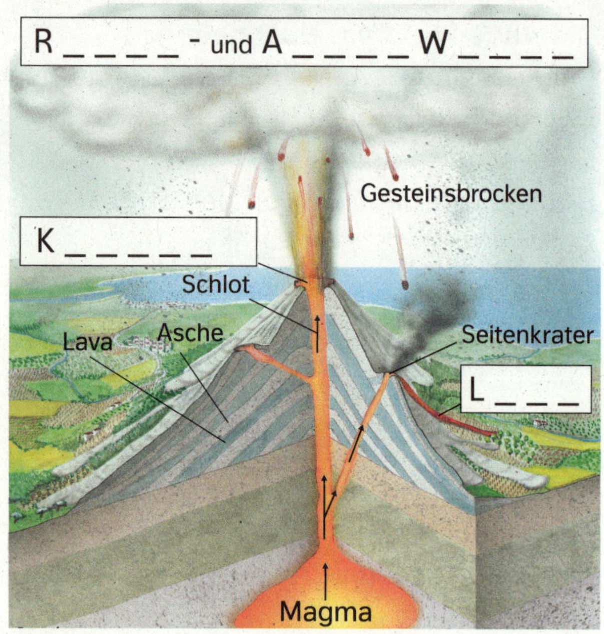

M2 Schnitt durch einen Vulkan

Pressemeldung vom 23.04.2015:

Im Süden Chiles ist der **Vulkan** Calbuco ausgebrochen. Sein **Krater** stößt eine gewaltige **Rauch**- und **Aschewolke** aus. Die Behörden haben alle Menschen im Umkreis von 20 km in Sicherheit gebracht. Ein Strom aus **glutflüssiger Lava** fließt den Hang hinunter. In Chile gibt es 90 aktive Vulkane.

Aufgaben:

1. Lies den Text und ergänze die Beschriftung in M2.

2. Richtig oder falsch? Kreuze die <u>richtigen</u> Aussagen an.

- ☐ Der Vulkan Calbuco liegt in Peru.
- ☐ Der Vulkan Calbuco ist im April 2016 ausgebrochen.
- ☐ Die Behörden haben alle Menschen im Umkreis von 30 km in Sicherheit gebracht.
- ☐ Magma steigt im Schlot eines Vulkans auf.
- ☐ Gesteinsbrocken werden durch die Luft geschleudert.
- ☐ Vulkane können auch Seitenkrater haben.
- ☐ Kalte Lava fließt aus dem Krater.

Erdbeben – Leben mit der Gefahr

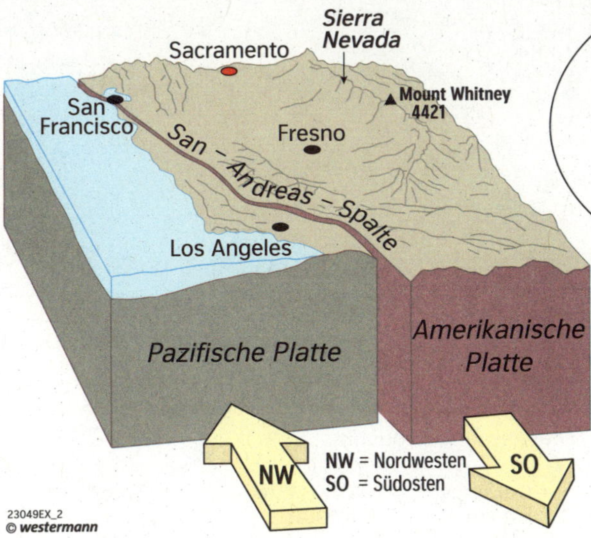

M1 In Kalifornien verschieben sich zwei Erdplatten aneinander vorbei.

M2 Der Lehrer übt im Klassenraum das Verhalten bei einem Erdbeben.

Kalifornien liegt im Westen der USA. Kalifornien liegt auf **zwei Erdplatten**. Der östliche Teil liegt auf der **Amerikanischen Platte**. Der westliche Teil liegt auf der **Pazifischen Platte**. Zwischen beiden Platten liegt die **San-Andreas-Spalte**. Die Amerikanische Platte bewegt sich nach **Südosten**. Die Pazifische Platte bewegt sich nach **Nordwesten**. Dabei **verhaken** sich die Erdplatten immer wieder. **Spannung** baut sich auf. Wird die Spannung zu groß, **entlädt** sie sich in einem Ruck. Wir spüren das als **Erdbeben**. Starke Erdbeben verursachen große Zerstörungen und gefährden die Menschen.

3. Notiere in der Sprechblase in M2, welche Anweisung der Lehrer gibt.

Aufgaben:

1. Ergänze die Sätze.

Los Angeles liegt auf der ____________________ Erdplatte.

San Francisco, Sacramento und Fresno liegen auf der ____________________ Erdplatte.

Zwischen beiden Platten liegt die ____________________ .

Die Amerikanische Platte bewegt sich nach ____________________ .

Die Pazifische Platte bewegt sich nach ____________________ .

2. Trage ein, wie ein Erdbeben entsteht.

Erdplatten ____________ sich.	⇨	____________ baut sich auf.	⇨	Die Spannung ____________ sich, die Erde bebt.

Wirbelstürme – zerstörende Gewalt

M1 Der tropische Wirbelsturm Katrina am 28.8.2005

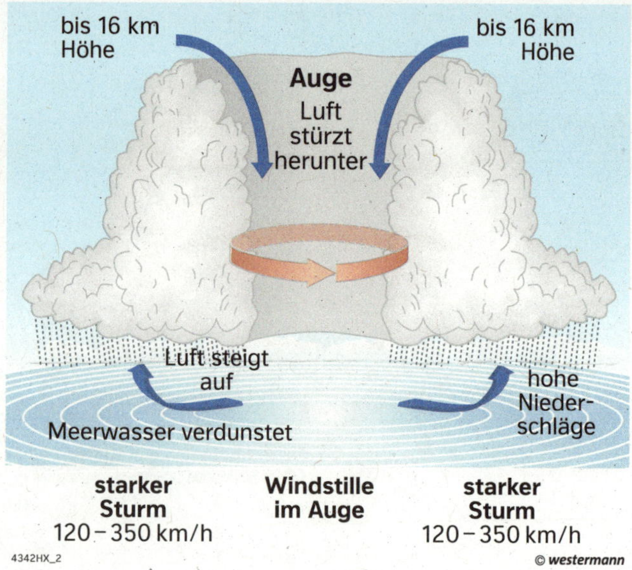

M2 Schnitt durch einen Wirbelsturm

Tropische Wirbelstürme bilden sich über dem **warmen Meer** am Äquator. Über dem warmen Meer verdunsten riesige Mengen Meerwasser. Die feucht-warme **Luft steigt schnell auf.** In der Höhe **kühlt die Luft ab.** Es bildet sich eine **Gewitterwolke.** Die Gewitterwolke beginnt sich zu **drehen.** Dadurch entsteht ein **Luftwirbel.** Nur im **Auge** des Wirbelsturms ist es windstill. Der Luftwirbel nimmt immer mehr Feuchtigkeit auf und wird immer größer und schneller. **Heftige Niederschläge** und **gewaltige Sturmfluten** sind die Folge.

Aufgaben:

1. Ergänze den Steckbrief über den Wirbelsturm Katrina.

Lage am 28.8.2005: über dem Golf von

______________________ .

Ausdehnung: ____________ km

Lage des Auges am 28.8.2005:

- ☐ über Kuba
- ☐ über Mexiko
- ☐ über Florida
- ☐ über dem Meer

Folge: heftige ________________ und

gewaltige ________________ .

2. Ergänze die Texte zur Entstehung eines tropischen Wirbelsturms.

Warmes M ________

⬇

Feucht-warme Luft ______________________ .

⬇

Luft __________ sich ab.

⬇

______________-wolke bildet sich.

⬇

______________-wirbel entsteht.

⬇

Wirbelsturm

Wind gestaltet die Landschaft

M1 Monument Valley in den USA

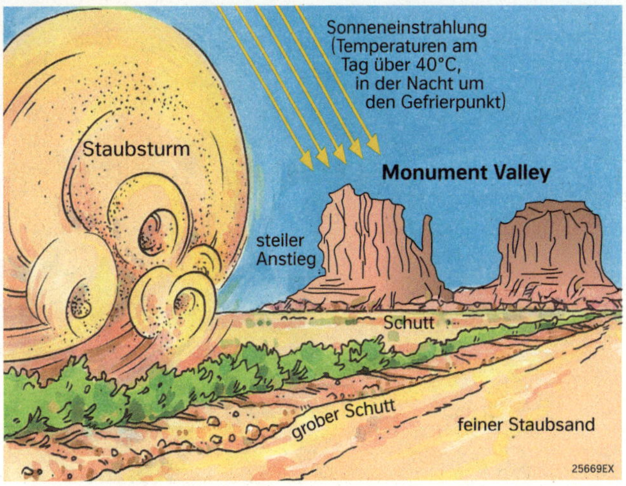

M2 Entstehung der Tafelberge im Monument Valley

1 Die **Felsen** im Monument Valley sind einzigartig.
2 Es sind **Tafelberge**.
3 Die Landschaft ist oft in Western-Filmen zu sehen.
4 Die Gesteine der Tafelberge sind **300 Millionen Jahre** alt.
5 In den letzten **50 Millionen Jahren** entstand aber erst die heutige Landschaft.
6 Die **starke Sonneneinstrahlung** am Tag und die **Abkühlung** in der Nacht lockern das Gestein.
7 Das Gestein zerfällt zu **Schutt** und **Staubsand**.
8 Dies nennt man **Verwitterung**.
9 **Staubstürme** hobeln die Oberfläche der Tafelberge glatt.

Aufgaben:

1. Schau dir die Landschaft in M1 an. Unterstreiche in der Wortbox, was du siehst.

steile Felsen	Wälder	Wiesen
Schutt	Siedlung	Fluss
	Straße	
See	Hotels	Brücke

2. Ergänze den Satz.

Wenn Gestein zu Schutt und Staubsand zerfällt, nennt man das

V _ _ _ _ _ _ _ _ _ _ _ _ _ _ _ .

3. Richtig oder falsch? Kreuze an.

a) Die Felsen im Monument Valley sind Tafelberge.
☐ richtig ☐ falsch

b) Die Gesteine im Monument Valley sind 100 Millionen Jahre alt.
☐ richtig ☐ falsch

c) Staubstürme lockern das Gestein.
☐ richtig ☐ falsch

d) Das Gestein zerfällt zu Schutt und Staubsand.
☐ richtig ☐ falsch

e) Wasser hobelt die Oberfläche der Berge glatt.
☐ richtig ☐ falsch

Nordamerika

M1 Nordamerika

Aufgabe:

1. Trage ein.

Im Norden von Nordamerika liegt A _ _ _ _ A.

Im Süden liegt die Halbinsel F _ _ _ _ _ A mit der Stadt Miami.

Das Gebirge der R _ _ _ Y M _ _ _ T _ _ _ _ verläuft durch Kanada und die USA.

Der größte Fluss in Nordamerika ist der M _ _ _ I _ _ I _ _ I.

An den Großen Seen liegt die Stadt CH _ _ _ _ _ .

Am Pazifischen Ozean liegt die Stadt S _ _ F _ _ _ C _ _ _ _ .

Mittel- und Südamerika

M1 Mittel- und Südamerika

Aufgaben:

1. Trage ein.

Das größte Land in Mittelamerika ist M __ X __ __ __ .
Schiffe können vom Pazifischen Ozean durch den P __ __ __ __ __ __KANAL zum Atlantischen Ozean fahren.
Der größte Fluss in Südamerika ist der A __ __ __ O __ __ __ .
Das Gebirge der A __ __ __ __ verläuft durch viele Länder.

2. Trage ein.

Am Pazifischen Ozean in Südamerika liegen die Länder C __ I __ __ , P __ __ U, E C __ __ __ __ __ und K __ L __ __ B __ __ __ .

Die Erde – unterschiedlich bestrahlt

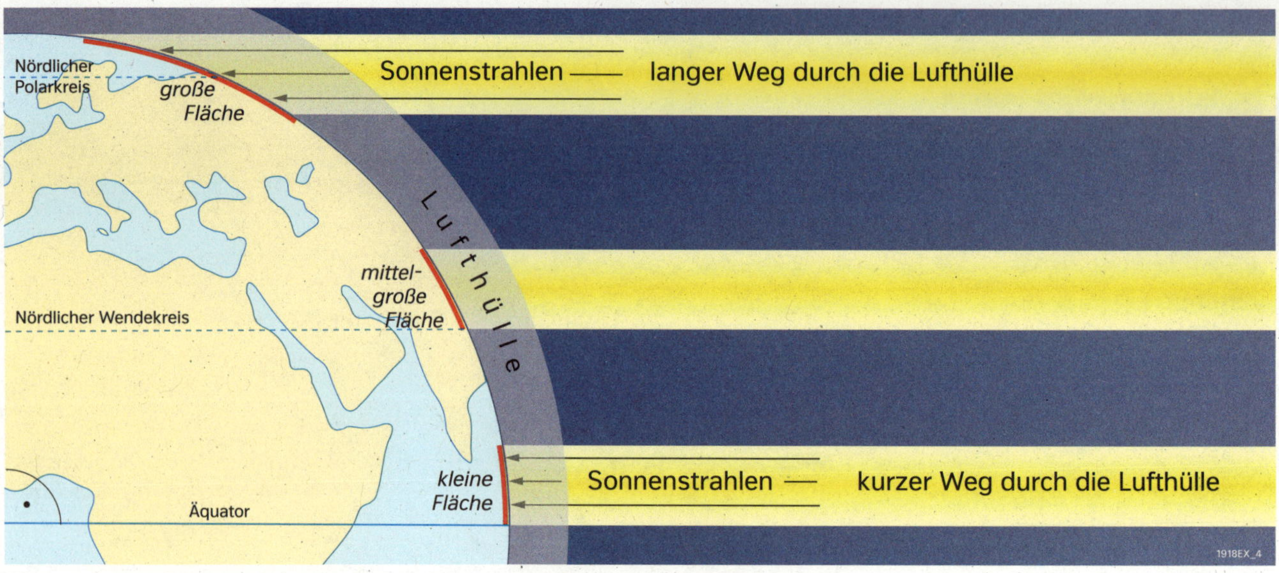

M1 Die Sonneneinstrahlung erwärmt die Erdoberfläche unterschiedlich stark.

1 Die Erdoberfläche ist **gekrümmt**.
2 Deshalb erwärmt die **Sonneneinstrahlung** die Erdoberfläche **unterschiedlich stark**.
3 Am Äquator fallen die Sonnenstrahlen **steil** auf die Erde.
4 Zweimal im Jahr steht die Sonne dort sogar **senkrecht** am Himmel.
5 Man sagt: Die Sonne steht im **Zenit**.
6 Zu den Polen hin fallen die Sonnenstrahlen **schräg** ein.
7 Am Äquator ist der **Weg** der Sonnenstrahlen durch die Lufthülle der Erde **kurz**.
8 Zu den Polen hin wird der **Weg** durch die Atmosphäre immer **länger**.
9 **Je steiler** die Sonnenstrahlen einfallen, **desto stärker** erwärmen sie die Erdoberfläche.
10 **Je kürzer** der Weg der Sonnenstrahlen durch die Atmosphäre ist, **desto stärker** erwärmen sie die Erdoberfläche.

Aufgabe:

1. Ergänze den Lückentext.

Am nördlichen Polarkreis ist der Weg der Sonnenstrahlen durch die Lufthülle __________ .

Die Sonnenstrahlen fallen am nördlichen Polarkreis ______________ ein.

Deshalb wird die Erdoberfläche ______________________ (stark / weniger stark) erwärmt.

Am Äquator ist der Weg der Sonnenstrahlen durch die Atmosphäre ____________ .

Die Sonnenstrahlen fallen am Äquator ________________ ein.

Deshalb wird die Erdoberfläche ____________________ (stark / weniger stark) erwärmt.

Je steiler die Sonnenstrahlen einfallen, desto _________________ erwärmen sie die Erde.

Je kürzer der Weg durch die Atmosphäre ist, desto _______________ erwärmen sie die Erde.

Klima in Streifen

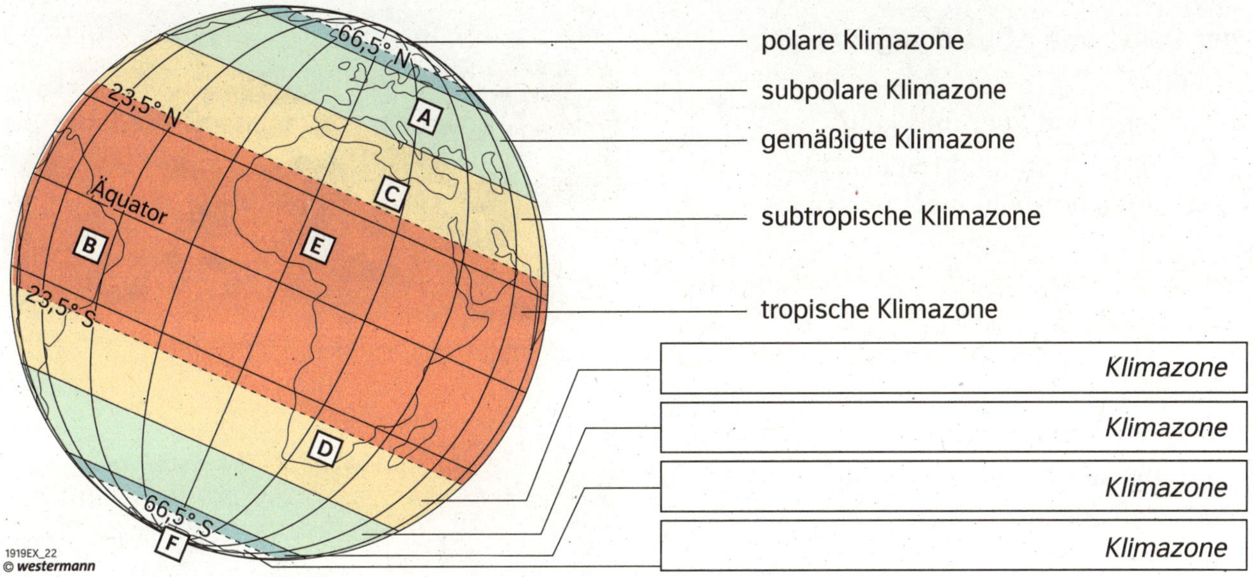

M1 Klimazonen – stark vereinfacht

Temperatur und **Niederschlag** sind die Hauptmerkmale des Klimas. Gebiete mit gleichem Klima ergeben **Klimazonen**. Die Klimazonen ziehen sich wie Gürtel um die Erde. M1 zeigt vereinfacht die Lage der Klimazonen. Vom Äquator aus sind die Klimazonen zu den Polen hin spiegelbildlich angeordnet. Wir leben in der gemäßigten Zone.

Aufgaben:

1. Ergänze die Beschriftung in M1.

2. Bestimme die Lage der eingetragenen Gebiete. Notiere jeweils die Klimazone.

A ______________________________

B ______________________________

C ______________________________

D ______________________________

E ______________________________

F ______________________________

3. Ergänze den Lückentext.

Gebiete mit __________ Klima ergeben ____________________ .

Die ____________________ ziehen sich wie ______________ um die Erde.

____________________ und ____________________ sind die Hauptmerkmale des Klimas.

Wir leben in der ______________ Klimazone.

Eine Reise durch die Klimazonen

1 In der Polarzone ist es das ganze Jahr über kalt.
2 Die Sommer sind kurz und kühl.
3 Die Winter sind lang und sehr kalt.
4 Der Niederschlag fällt meistens als Schnee.

M1 In der Polarzone auf Grönland

5 In der gemäßigten Zone ist es nicht so kalt.
6 Die Temperaturen sind gemäßigt.
7 Es gibt vier **Jahreszeiten**.
8 Niederschläge fallen als Regen oder Schnee.

M2 In der gemäßigten Zone in Deutschland

9 In der subtropischen Zone ist es wärmer als in der gemäßigten Zone.
10 Die Niederschläge fallen im Winter.
11 Die Winter sind mild.
12 Die Sommer sind trocken und heiß.

M3 In der subtropischen Zone am Mittelmeer

13 In der tropischen Zone ist es das ganze Jahr über heiß.
14 Es gibt keine Jahreszeiten.
15 Es gibt aber **Regenzeiten** und Trockenzeiten
16 Am Äquator regnet es fast täglich.
17 Hier ist es heiß und feucht.

M4 In der tropischen Zone am Amazonas

Aufgabe:

1. Ordne die Begriffe in der Wortbox den Klimazonen zu.

Jahreszeiten	Regenzeiten	kalt	heiß
trockene Sommer	milde Winter	Schnee	

Polarzone: ____________________

gemäßigte Zone: ____________________

subtropische Zone: ____________________

____

tropische Zone: ____________________

____

Klima und Vegetation passen zusammen

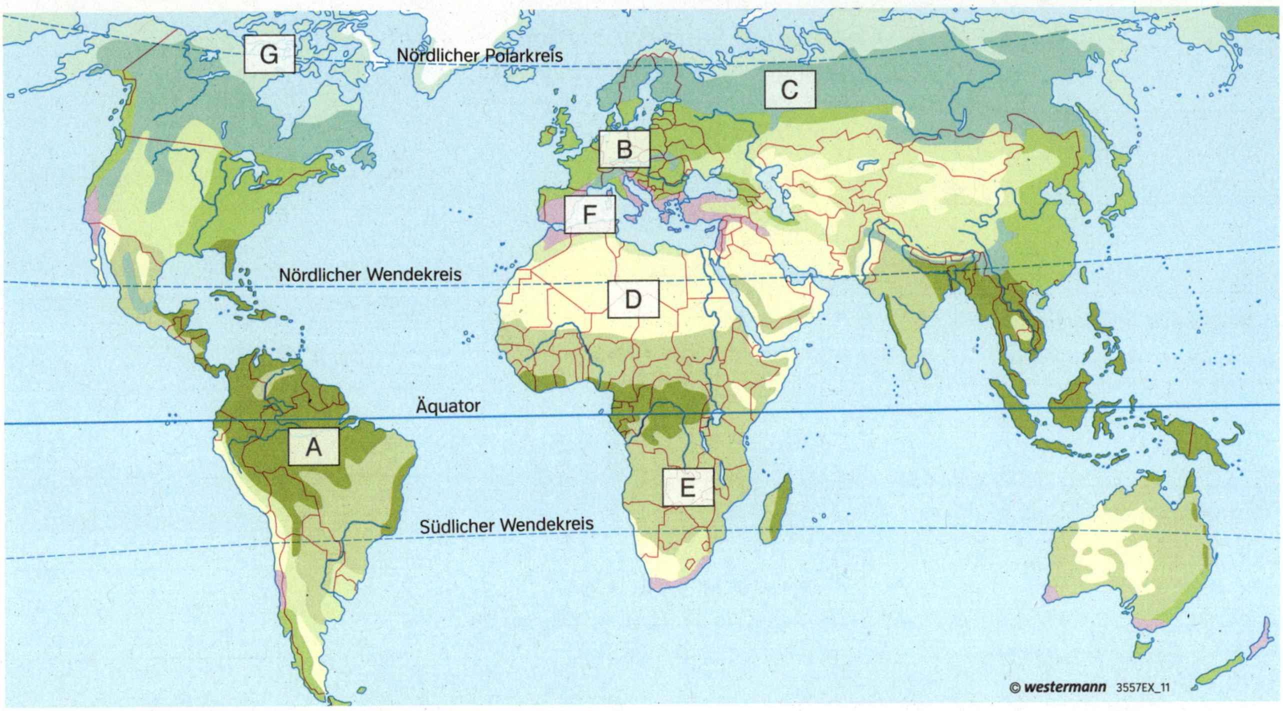

- polare Kältewüste
- Tundra
- nördlicher Nadelwald und Gebirgsnadelwald
- sommergrüner Laub- und Mischwald der gemäßigten Zonen
- Hartlaubgehölze der Subtropen
- Steppe und Hochgebirgsgrasland
- Halbwüste und Wüste
- Savanne
- tropischer Regenwald

M1 Die Vegetationszonen der Erde (Auswahl)

1 Die **Pflanzen** haben sich im Laufe der Jahrhunderte **an das Klima angepasst**.
2 Im warmen Klima haben die Bäume Blätter.
3 Im kühleren Klima wachsen Nadelbäume.
4 Ist das Klima trocken, schützen sich die Pflanzen gegen die Austrocknung.
5 Ein Beispiel ist die Agave.
6 Sie wächst in der subtropischen Klimazone.
7 Sie ist gut an die sommerliche Trockenheit angepasst.

M2 Die Agave schützt sich vor Austrocknung.

Aufgaben:

1. Bestimme die Vegetationszonen A – G in M1.

A ______________________

B ______________________

C ______________________

D ______________________

E ______________________

F ______________________

G ______________________

2. Richtig oder falsch? Kreuze an.

a) Die Agave hat fleischige Blätter, damit sie Wasser speichern kann.

☐ richtig ☐ falsch

b) Sie hat eine lederartige Blatthaut, damit sie Tau aufnehmen kann.

☐ richtig ☐ falsch

c) Sie hat kleine und große Dornen.

☐ richtig ☐ falsch

Ein Klimadiagramm liefert viele Informationen

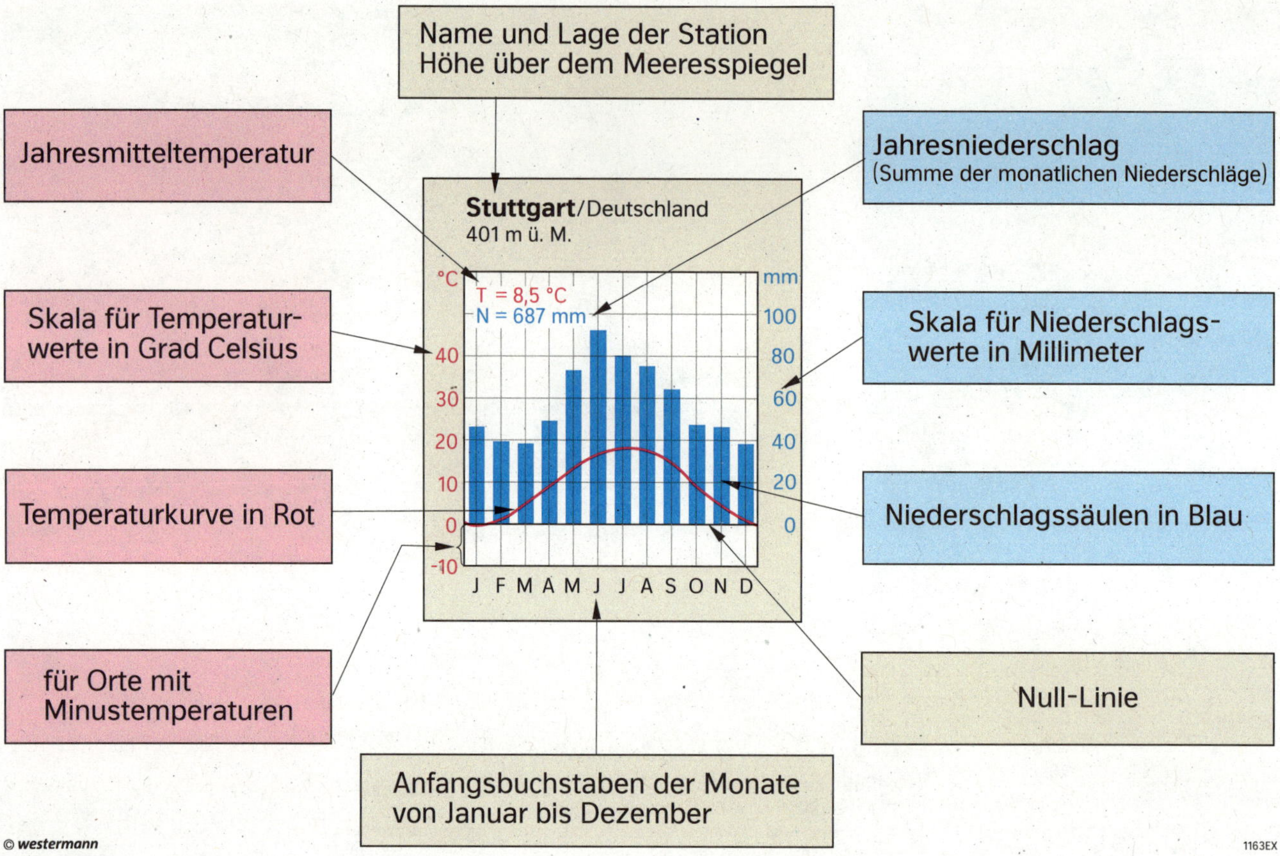

M1 Klimadiagramm

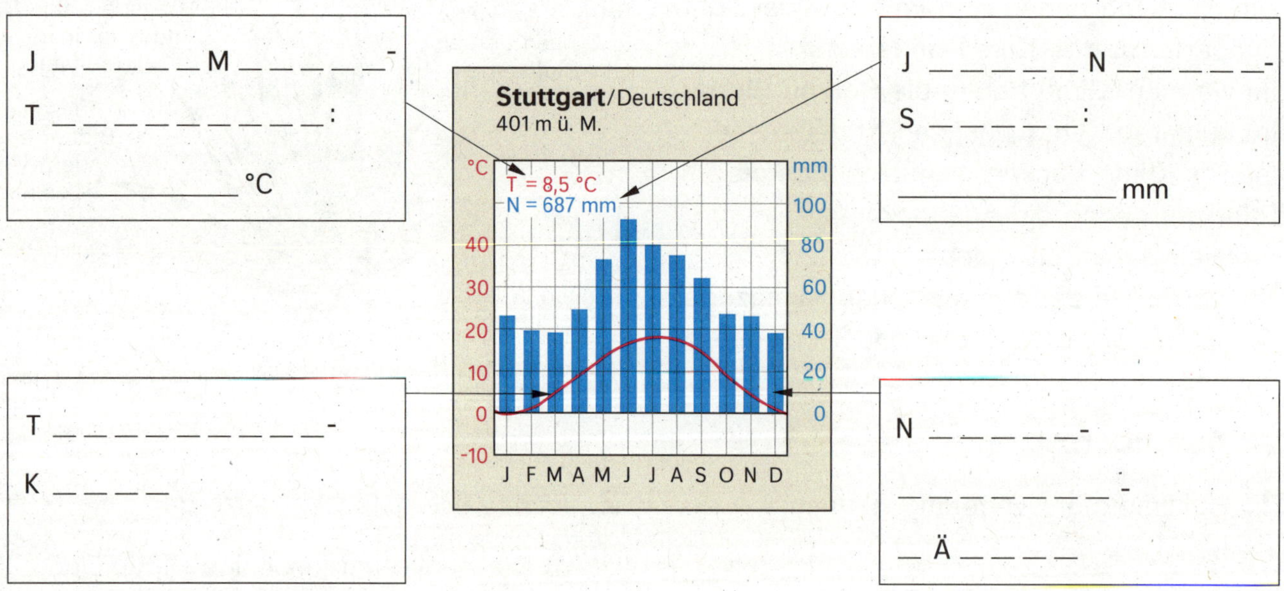

M2 Klimadiagramm Stuttgart

Aufgaben:

1. Fülle die Kästen in M2 aus.

2. Ergänze den Satz.

Die Temperatur lese ich __________ (rechts / links) ab, den Niederschlag __________ .

Klimadiagramme aus unterschiedlichen Klimazonen

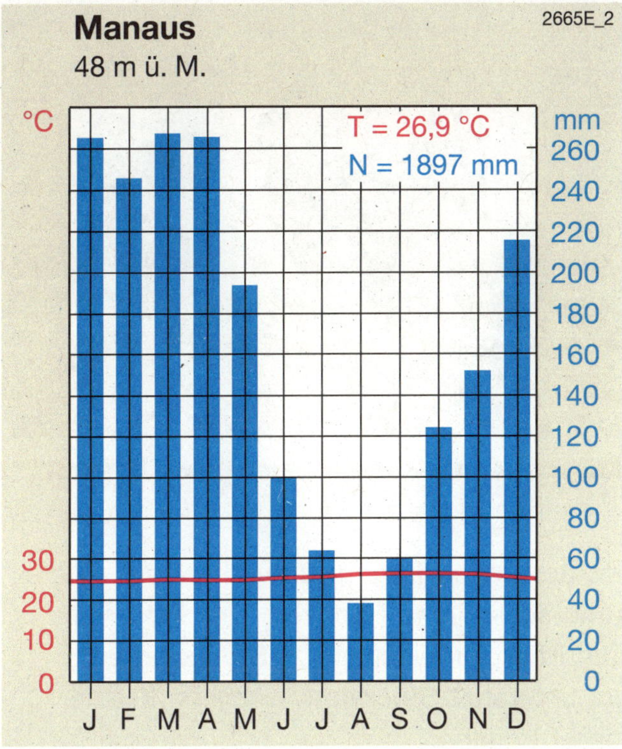

M1 Klimadiagramm von Manaus (Brasilien)

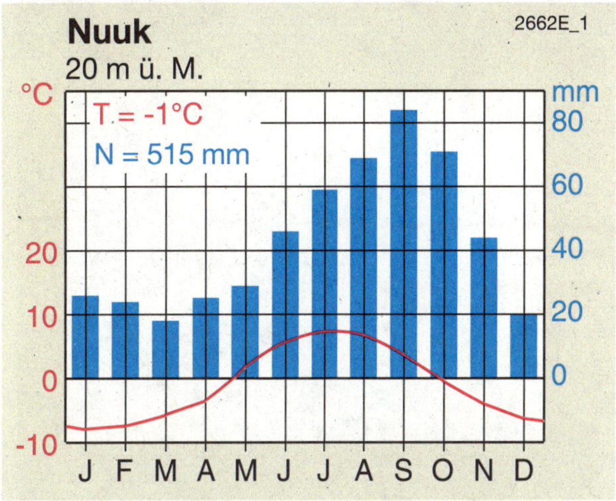

M2 Klimadiagramm von Nuuk (Grönland)

Aufgabe:

1. Kreuze an, zu welchem Ort die Aussagen gehören.

a) Die Jahresmitteltemperatur beträgt 26,9 °C.	☐ Manaus ☐ Nuuk
b) Der Jahresniederschlag beträgt 1897 mm.	☐ Manaus ☐ Nuuk
c) Die durchschnittliche Temperatur im Januar beträgt 25 °C.	☐ Manaus ☐ Nuuk
d) Die durchschnittliche Temperatur im Dezember beträgt -7 °C.	☐ Manaus ☐ Nuuk
e) Die Temperatur ist das ganze Jahr hindurch gleich hoch.	☐ Manaus ☐ Nuuk
f) Die Temperaturkurve steigt von Januar bis Juli an.	☐ Manaus ☐ Nuuk
g) Im August fallen 39 mm Niederschlag.	☐ Manaus ☐ Nuuk
h) Im März fallen 265 mm Niederschlag.	☐ Manaus ☐ Nuuk
i) Im September fallen 83 mm Niederschlag.	☐ Manaus ☐ Nuuk
j) Im Dezember fallen 20 mm Niederschlag.	☐ Manaus ☐ Nuuk
k) Der Ort liegt 48 m über dem Meeresspiegel.	☐ Manaus ☐ Nuuk

Im tropischen Regenwald

M1 Stockwerkbau im tropischen Regenwald

M2 Brettwurzeln geben den Urwaldriesen einen sicheren Stand.

1 Im tropischen Regenwald gibt es sehr viele unterschiedliche Pflanzen- und Tierarten.
2 Die Pflanzen wachsen in **Stockwerken.**
3 Im untersten Stockwerk wachsen Kräuter und Sträucher.
4 Darüber folgen die Stockwerke der Bäume.
5 Man spricht vom **Stockwerkbau** des tropischen Regenwalds.
6 Die Bäume werfen ihre Blätter im Verlauf des Jahres zu unterschiedlichen Zeiten ab.
7 Deshalb erscheint der Wald **immergrün**.
8 Es gibt **keine Jahreszeiten**.
9 Das ganze Jahr hindurch ist es **heiß und schwül**.
10 Fast täglich gibt es **Gewitter** mit starkem Regen.

Aufgaben:

1. Kreuze die richtige Aussage an.

- ☐ Das geschlossene Blätterdach bilden die Urwaldriesen.
- ☐ Das geschlossene Blätterdach bildet die obere Baumschicht.

2. Trage die Höhe der Stockwerke ein.

Kraut- und Strauchschicht: bis ___________
untere Baumschicht: bis ___________
mittlere Baumschicht: bis ___________
obere Baumschicht: bis ___________
Urwaldriesen: bis ___________

3. Unterstreiche in der Wortbox die Begriffe, die auf den tropischen Regenwald zutreffen:

immergrün	Jahreszeiten	kühl	Gewitter
heiß	viele Pflanzenarten	Brettwurzeln	
Stockwerkbau	Pfahlwurzeln	schwül	

Ackerbauern im tropischen Regenwald

M1 Abgebrannte Feldfläche

M2 Anbau von tropischen Feldfrüchten

1 Früher betrieben die Menschen im tropischen Regenwald **Wanderfeldbau**.
2 Sie **brannten** eine kleine **Fläche** im Regenwald **ab**.
3 Darauf legten sie **ein Feld** an.
4 Die Asche diente als Dünger.
5 Auf dem Feld bauten sie **tropische Feldfrüchte** an.
6 Nach wenigen Jahren war der **Boden ausgelaugt**.
7 Dann zogen sie weiter und legten ein neues Feld an.
8 Auch ihre Siedlung verlegten sie.
9 Heute leben die Menschen in festen Siedlungen.
10 Sie bauen auf ihren Feldern **unterschiedliche Früchte im Wechsel** an, damit der Boden nicht so schnell auslaugt.
11 Ist der Boden dann aber **nach einiger Zeit ausgelaugt**, geben sie die Felder auf.
12 Innerhalb von 10 bis 15 Jahren wächst Wald nach.

M3 Tropische Feldfrüchte

Aufgaben:

1. Notiere die Namen von drei tropischen Feldfrüchten.

________________ ________________ ________________

2. Vervollständige das Gespräch. Schreibe in die Sprechblasen hinein.

Warum brennen die Menschen Flächen im Regenwald ab?

Warum müssen die Menschen ihre Felder nach einiger Zeit aufgeben?

In der Wüste Sahara

M1 Wadi in einer Felswüste

M2 Sandwüste

1 Die Sahara ist die **größte Wüste** der Erde.
2 Sie ist 30-mal größer als Deutschland.
3 Nur ein kleiner Teil ist **Sandwüste**.
4 Den größten Teil nehmen **Fels- und Kieswüsten** ein.
5 Die Wüste Sahara ist ein **lebensfeindlicher** Raum.
6 Wegen der **geringen Niederschläge** und der **hohen Verdunstung** wachsen hier nur wenige Pflanzen.
7 Sie wachsen und blühen nur, wenn es geregnet hat.
8 Regnet es tatsächlich einmal, dann sind die **Schauer kurz und heftig**.
9 Die großen Wassermassen fließen in den **Wadis** ab.
10 Das sind ausgetrocknete Täler.
11 Wadis werden gerne als Verkehrswege durch die Wüste genutzt.
12 Füllen sie sich plötzlich mit Wasser, dann können Reisende in der Wüste ertrinken.

Durchschnittliche Temperaturen im Sommer: 35 °C

Tatsächliche Temperaturen mittags: 50 °C

Temperaturen nachts: –10 °C

M3 Temperaturen in der Sahara

Aufgabe:

1. Ergänze die Sätze. Wähle aus den folgenden Begriffen die zutreffenden aus:
kalt, heiß, warm, feucht, trocken, verdursten, ertrinken, mit Wasser füllen, austrocknen, lebensfeindlich, bewohnter, stark, schwach

Für eine Fahrt mit dem Auto durch die Sahara sollte man

- genügend Wasser mitnehmen, weil es in der Wüste sehr __________ und __________ ist.
- genug zu Essen mitnehmen, weil die Wüste ein ______________________ Raum ist.
- luftige Kleidung mitnehmen, weil es tagsüber sehr ______________ ist.
- warme Kleidung mitnehmen, weil es nachts sehr ________________ wird.
- eine Sonnenbrille mitnehmen, weil die Sonnenstrahlung sehr _________________ ist.

Bei einer Fahrt durch Wadis sollte man

- auf das Wetter achten, weil sich Wadis nach Niederschlägen schnell _______________ ____________________________________.
- ein Wadi schnell verlassen, weil man sonst ___________________________ kann.

Wasser bedeutet Leben

M1 Grundwasseroase in der Sahara

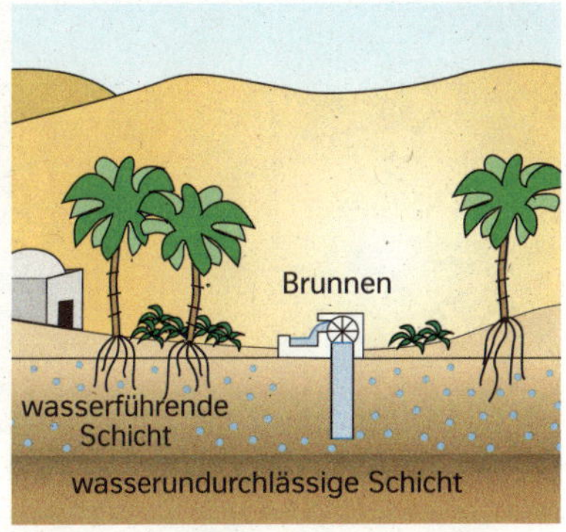

M2 Wasserversorgung einer Oase

1 Wasser ist der kostbarste Schatz in der Wüste.
2 Wasser tritt in der Sahara nur selten an der Erdoberfläche aus.
3 Bei den wenigen Regenfällen versickert das Wasser im Boden.
4 Es wird als **Grundwasser** gespeichert.
5 An einigen Stellen liegt das Grundwasser nahe an der Erdoberfläche.
6 Hier sind **Oasen** entstanden.
7 Aus **Brunnen** mit Motorpumpen wird das Grundwasser an die Erdoberfläche geholt.
8 Das Wasser wird dann durch ein **System von kleinen Kanälen** zu den Feldern geleitet.

M3 Wasserverteilung in einer Oase – schon seit 5000 Jahren

Aufgaben:

1. Beschreibe die Oase in M1 mithilfe des Lückentextes.

Vorne im Bild sieht man einige ____________________ (Menschen / Häuser).

Dahinter sind ____________________ und ____________________ zu erkennen.

Hinter den Palmen stehen viele ____________________ .

Dahinter sieht man die ____________________ .

2. Ergänze die Sätze.

Eine Grundwasseroase bekommt ihr Wasser aus dem ____________________ .

Mit ____________________ wird das Wasser hochgeholt.

Das Wasser wird durch ein ____________________ zu den Feldern geleitet.

Für die Wasserverteilung in der Oase sorgt auch heute ein ____________________ .

In einer Oase

M1 Stockwerk-Anbau in einer Oase

1 In den Oasen werden die Pflanzen im **Stockwerk-Anbau** angebaut.
2 Die Dattelpalmen sind die höchsten Pflanzen.
3 Sie werden vielseitig genutzt.
4 Die Dattelpalmen spenden den anderen Pflanzen Schatten.
5 Ihre Wurzeln reichen tief bis ins Grundwasser.
6 Zwischen den Dattelpalmen stehen **Obstbäume**: Orangen, Zitronen, Feigen und Pfirsiche.
7 Im untersten Stockwerk wachsen **Gemüse und Getreide**.
8 Durch den Stockwerk-Anbau wird die Fläche optimal ausgenutzt.

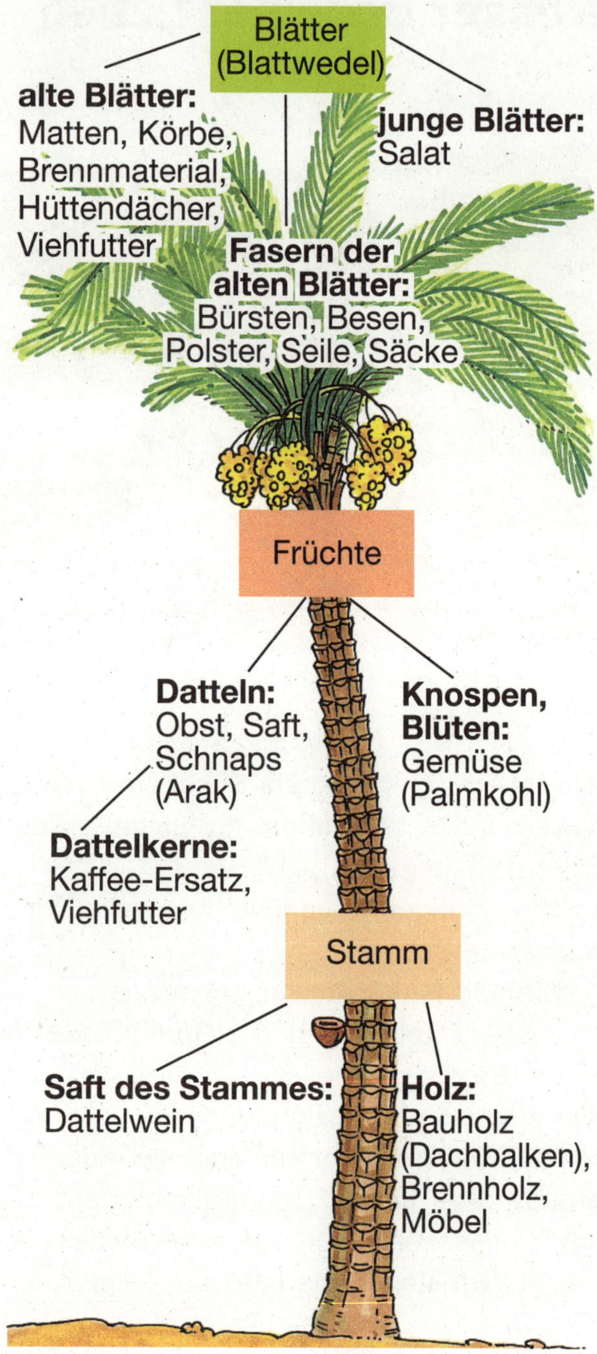

M2 Nutzung einer Dattelpalme

Aufgaben:

1. Schau dir M2 genau an. Trage in die Tabelle ein, wozu die einzelnen Teile der Dattelpalme genutzt werden.

2. Ergänze den Satz:

In den Oasen werden die Pflanzen im

________________________ angebaut.

Holz	
Saft des Stammes	
Knospen, Blüten	
Datteln	
Dattelkerne	
Fasern der alten Blätter	
alte Blätter	
junge Blätter	

In den Savannen

Wüste (am Wendekreis)	Dornstrauchsavanne	Trockensavanne	Feuchtsavanne	Tropischer Regenwald (am Äquator)
Jahresniederschläge unter 250 mm	Jahresniederschläge 250 – 500 mm	Jahresniederschläge 500 – 1000 mm	Jahresniederschläge 1000 – 1500 mm	Jahresniederschläge über 1500 mm
ganzjährig trocken ganzjährig große Trockenheit, nur selten kurze kräftige Gewitter	2 – 4 feuchte Monate Regenzeit	4 – 6 feuchte Monate Regenzeit	6 – 10 feuchte Monate Regenzeit	ganzjährig feucht ganzjährig hohe Niederschläge

M1 Von der Wüste bis zum tropischen Regenwald

1 Es gibt drei Savannenarten.
2 Die Abbildung links zeigt die **Dornstrauchsavanne**.
3 Die Jahresniederschläge in der Dornstrauchsavanne betragen ____________________ mm.
4 Die Regenzeit dauert ____________________ Monate.
5 In der Dornstrauchsavanne wachsen Gräser und Sträucher mit Dornen.

6 Die Abbildung links zeigt die **Feuchtsavanne**.
7 Die Jahresniederschläge in der Feuchtsavanne betragen ____________________ mm.
8 Die Regenzeit dauert ____________________ Monate.
9 In der Feuchtsavanne wachsen hohe Gräser und Bäume.

Aufgaben:

1. Ergänze mithilfe von M1 die Informationen in den Texten oben.

2. Richtig oder falsch? Kreuze an.

a) Es gibt vier Savannenarten.
☐ richtig ☐ falsch

b) Je länger die Regenzeit dauert, desto höher sind die Jahresniederschläge.
☐ richtig ☐ falsch

c) Je höher die Jahresniederschläge sind, desto dichter und höher wachsen die Pflanzen.
☐ richtig ☐ falsch

Leben mit der Regenzeit

M1 Nomaden haben ihre Hütte an einem neuen Lagerplatz gebaut.

M2 Ackerbauern haben ihre Felder um das Dorf herum angelegt.

1 In der Dornstrauchsavanne haben sich die Menschen an die Trockenheit angepasst.
2 Ihre Lebensgrundlage sind ihre **Viehherden**.
3 Mit ihren Schafen, Rindern und Ziegen sind die Menschen ständig auf Wanderschaft.
4 Sie haben keinen festen Wohnsitz.
5 Sie sind **Nomaden**.
6 Die Nomaden wandern von **Weideplatz** zu Weideplatz.
7 Sie richten sich nach der **Regenzeit**.
8 Zu Beginn der Regenzeit ziehen sie nach **Norden**.
9 Zum Ende der Regenzeit ziehen sie nach **Süden** bis in die Trockensavanne.
10 Ihre Zelte und den gesamten Hausrat nehmen sie mit.

11 In der Trockensavanne und in der Feuchtsavanne leben **Ackerbauern**.
12 Sie wohnen in **Dörfern**.
13 Sie bauen ihre Hütten zum Beispiel aus Stroh.
14 Sie bauen **Hirse** an.
15 Das ist ihre Lebensgrundlage.
16 Außerdem bauen sie **Erdnüsse** und **Baumwolle** an.
17 Erdnüsse und Baumwolle verkaufen sie auf dem **Markt**.
18 Mit den Nomaden haben die Ackerbauern oft Streit.
19 Die Tiere zertrampeln die Felder.
20 Dann können die Ackerbauern nicht genug Hirse zu ihrer Versorgung ernten.

Aufgabe:

1. Ordne zu wie im Beispiel.

Die Nomaden

Die Ackerbauern

ziehen von Weideplatz zu Weideplatz.
bauen Hirse zu ihrer Versorgung an.
bauen Erdnüsse zum Verkauf an.
nehmen ihre Zelte und den Hausrat mit.
leben in Dörfern.
halten Schafe, Rinder und Ziegen.
wohnen in Hütten.
legen ihre Felder um das Dorf herum an.
leben in Zelten.
ziehen zu Beginn der Regenzeit nach Norden.
haben oft Streit mit den Nomaden.

Afrika

M1 Afrika

Aufgabe:

1. Trage ein.

Im Norden von Afrika liegen M __ __ O__ __ __ , A __ __ __ R __ __ __ ,

T __ __ __ S __ __ __ , L __ __ Y__ __ und Ä __ Y __ __ __ __ .

Im Süden liegt S __ __ __ __ __ __ __ __ __ .

Mauretanien liegt am __ __ __ __ __ __ __ __ __ __ __ __ OZEAN.

Kenia liegt am __ __ __ __ __ __ __ __ __ OZEAN.

In den Atlantischen Ozean münden die Flüsse N __ __ __ __ und K __ __ __ __ .

In den Indischen Ozean mündet der S __ __ __ __ __ __ .

In der Tundra und im nördlichen Nadelwald

M1 In der Tundra im Sommer

M2 Im nördlichen Nadelwald im Sommer

M3 Tageslauf der Sonne im Juni am Polartag

1 In der **Polarzone** wird das Leben von der **Kälte** bestimmt.
2 Außerdem gibt es hier den **Polartag** und die **Polarnacht**.
3 Während der Polarnacht bleibt es dunkel oder dämmrig.
4 Während des Polartags geht die Sonne nicht unter.
5 Auch um Mitternacht sieht man die Sonne am Horizont.
6 Deshalb nennt man diese Erscheinung auch **Mitternachtssonne**.
7 Polartag und Polarnacht dauern an den **Polen ein halbes Jahr**, an den **Polarkreisen einen Tag** bzw. **eine Nacht**.
8 Im **nördlichen Nadelwald** der subpolaren Zone wachsen Nadelbäume.
9 In der **Tundra** der Polarzone wachsen nur noch Gräser, Moose und kleine Sträucher.

Aufgaben:

1. Herr Maier berichtet:
„Ich habe eine Kreuzfahrt gemacht und die Mitternachtssonne gesehen. Eine Nacht lang ging die Sonne nicht unter."

Kreuze an, wo Herr Maier war.

☐ am Nordpol ☐ am Polarkreis

2. Kreuze die richtige Antwort an.
Die Bäume in der subpolaren Zone haben

☐ Blätter. ☐ Nadeln.

Dadurch sind sie an das

☐ kalte ☐ warme

Klima angepasst.

3. Ergänze den Lückentext.

In der Polarzone ist es sehr __________ (warm / kalt).

In der Tundra wachsen nur noch

________________________________.

In der subpolaren Klimazone ist es ____________ (wärmer / kälter) als in der Polarzone.

Hier können ______________bäume wachsen.

Die Inuit in der Arktis

M1 Siedlung der Inuit auf Grönland

M2 Mit dem Motorschlitten zum Supermarkt

1 Im **Norden Amerikas** und auf **Grönland** leben die Inuit.
2 Ihr Leben hat sich in den letzten 60 Jahren völlig verändert.
3 Nur wenige Inuit gehen noch auf die **Jagd** nach Robben und Fischen.
4 Gefischt wird heute mit großen Schiffen.
5 Der Fang wird in **Fabriken** verarbeitet.
6 Die meisten Inuit wohnen in Häusern mit Heizung und Strom.
7 Es gibt **Supermärkte**, in denen es alles zu kaufen gibt.
8 Statt **Hundeschlitten** benutzen die Inuit heute meistens **Motorschlitten**.

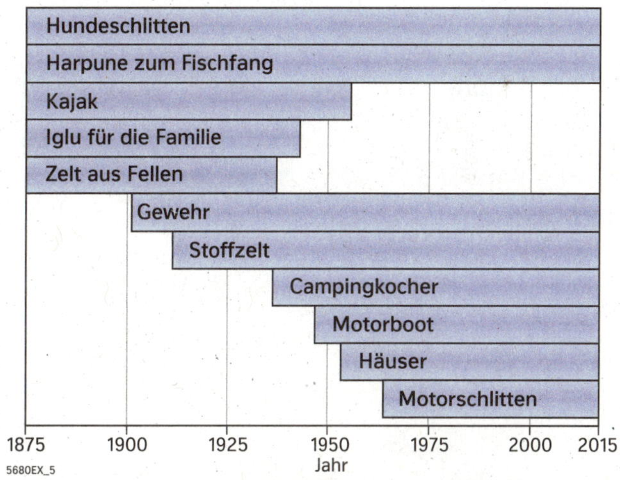

M3 Ausrüstung der Jäger früher und heute

Aufgaben:

1. Beschreibe die Inuit-Siedlung in M1. Kreuze jeweils an.

a) Die Häuser stehen
☐ dicht beieinander ☐ weit auseinander

b) Die Häuser sind
☐ bunt angestrichen ☐ weiß

c) Die Straßen sind
☐ einfach und schmal
☐ breit und mehrspurig

d) Das lange Gebäude im Hintergrund ist
☐ ein Supermarkt ☐ eine Fischfabrik

2. Trage mithilfe von M3 ein.

Unterkunft der Inuit 1900:

I _ _ U für die F _ _ _ L _ _ ,
Z _ _ _ aus _ _ _ _ _ _

Unterkunft der Inuit 2015:

H _ _ _ _ R, S _ _ _ _ Z _ _ _

Waffen der Inuit 1900:

H _ R _ _ _ _

Waffen der Inuit 2015:

H _ _ _ _ _ _ , G _ _ E _ _

Transportmittel 1900:

H _ _ _ _ S _ _ _ _ _ _ _ _

Transportmittel 2015:

M _ _ O _ _ _ _ _ I _ _ _ _

Die Nenzen in der Arktis

M1 Die Nenzen sind Nomaden.

M2 Das Rentier ist lebenswichtig.

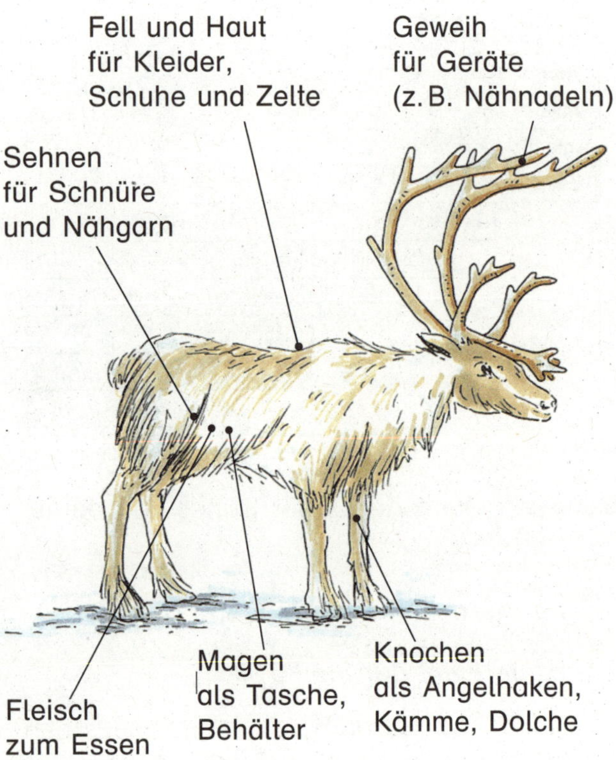

M3 Verwendung eines Rentieres

1 Im **Norden Russlands**, in **Sibirien**, leben die **Nenzen**.
2 Die Nenzen sind **Nomaden**.
3 Sie haben keinen festen Wohnsitz.
4 Sie ziehen mit ihren Rentierherden durch die Tundra.
5 Die **Rentiere** sind ihre Lebensgrundlage.
6 Die Nenzen nehmen ihre Zelte und den Hausrat mit auf ihre Wanderung.
7 Die **Kinder** werden mit Hubschraubern zur **Internatsschule** geflogen.
8 Dort bleiben sie **9 Monate** lang.

Aufgaben:

1. Ergänze die Sätze.

Die Nenzen leben im Norden __________-__________ , in ________________ .

Sie sind ____________________ .

Sie wandern mit ihren ________tieren.

Die Kinder verbringen ________ Monate in einer ____________________ .

2. Trage mithilfe von M3 ein, wozu das Rentier verwendet wird.

Sehnen	
Fell/Haut	
Geweih	
Fleisch	
Magen	
Knochen	

Forscher in der Antarktis

M1 Die Neumayer-Station, eine Forschungsstation in der Antarktis

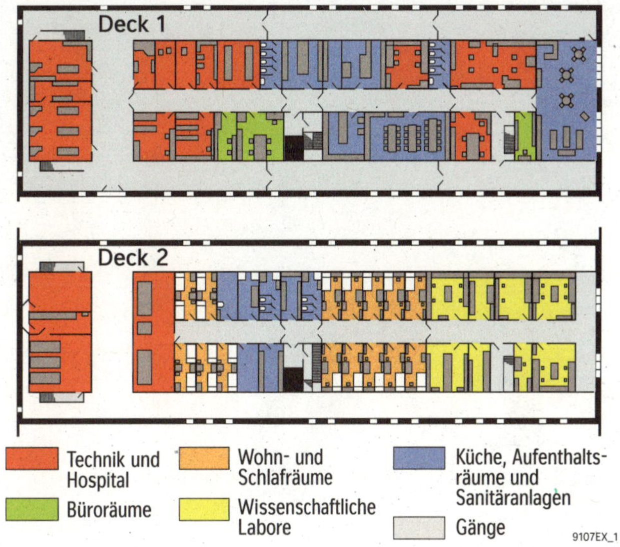

M2 Ein Blick ins Innere der Neumayer-Forschungsstation

1 Die **Antarktis** ist der **kälteste Kontinent**.
2 Die tiefste gemessene Temperatur betrug –89,2 °C.
3 Er ist auch der **windigste Kontinent**.
4 Windgeschwindigkeiten von bis zu 300 Kilometern in der Stunde sind keine Seltenheit.
5 In der Antarktis gibt es **keine Siedlungen**.
6 Nur **Wissenschaftler** verbringen einige Monate im Jahr in **Forschungsstationen**.
7 Sie erforschen zum Beispiel das Klima und Klimaveränderungen.

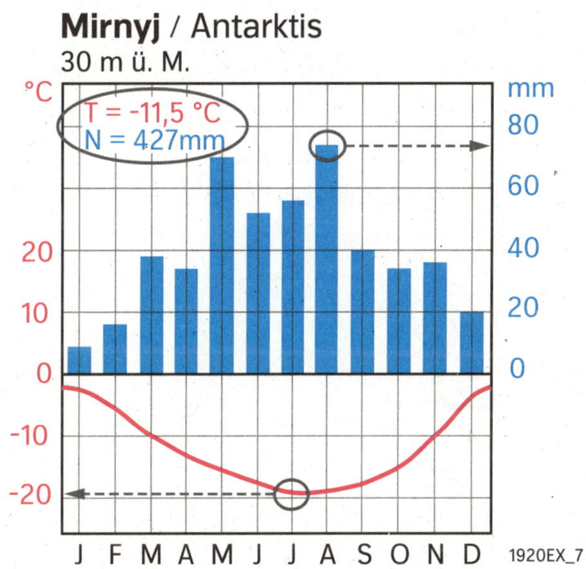

M3 Klimadiagramm von Mirnyj (Antarktis)

Aufgaben:

1. Beschreibe die Neumayer-Station. Ergänze dazu den Text.

Die Forschungsstation hat mehrere Stockwerke (Decks). Auf Deck 2 liegen die Wohn- und ______________räume. Die Forscher arbeiten in wissenschaftlichen ______________________ . Es gibt ein ____________________ für Kranke. Zum Entspannen gehen die Forscher in die ____________________________ . Außerdem gibt es ________________________anlagen. Es ist viel T _ _ _ _ _ K notwendig für die Heizung und die Wasserbereitung.

2. Fülle die Tabelle zum Klima in Mirnyj aus.

Jahresdurchschnittstemperatur	______________ °C
Jahresniederschlag	______________ mm
tiefste Temperatur	etwa ________ °C Monat: ____________
höchste Temperatur	etwa ________ °C Monate: ____________ ____________
höchster Niederschlag	etwa ________ mm Monat: ____________
geringster Niederschlag	etwa ________ mm Monat: ____________

Die Arktis

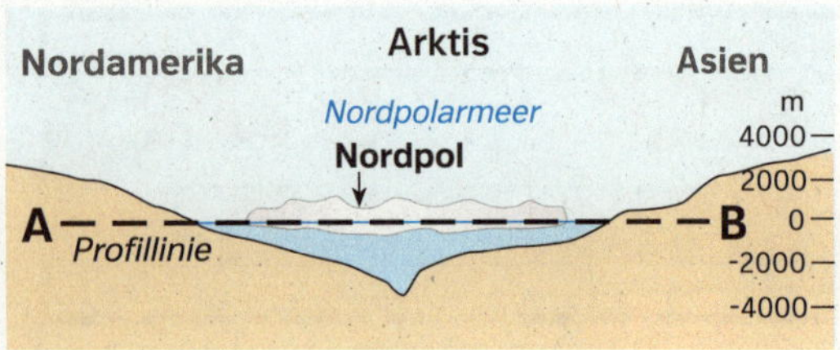

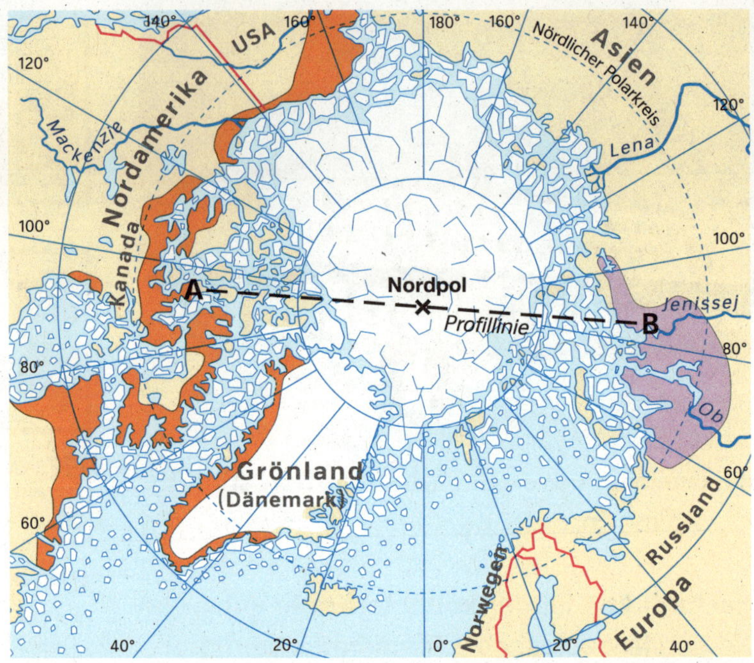

M1 Die Arktis

1 Die Arktis ist das Gebiet um den **Nordpol**.
2 Die Arktis ist **kein Kontinent**.
3 Unter dem Nordpol befindet sich das Wasser des **Nordpolarmeeres**.
4 Das Nordpolarmeer ist mit **Eis** bedeckt.
5 Das Eis ist bis zu 4 Meter dick.
6 **Grönland** ist eine Insel im Nordpolarmeer.
7 Grönland gehört zu Dänemark.

Aufgabe:

1. Trage ein.

An das Nordpolarmeer grenzen drei Kontinente:

____

____

____

Am Norpolarmeer liegen fünf Länder:

____

____

____

____

____

Grönland ist eine ______________ im Nordpolarmeer.

Grönland gehört zu ________________ .

Das Nordpolarmeer ist mit __________ bedeckt.

Die Arktis ist ___________ (ein/kein) Kontinent.

Vier große Flüsse münden ins Nordpolarmeer:

____

____

____

____

Die Antarktis

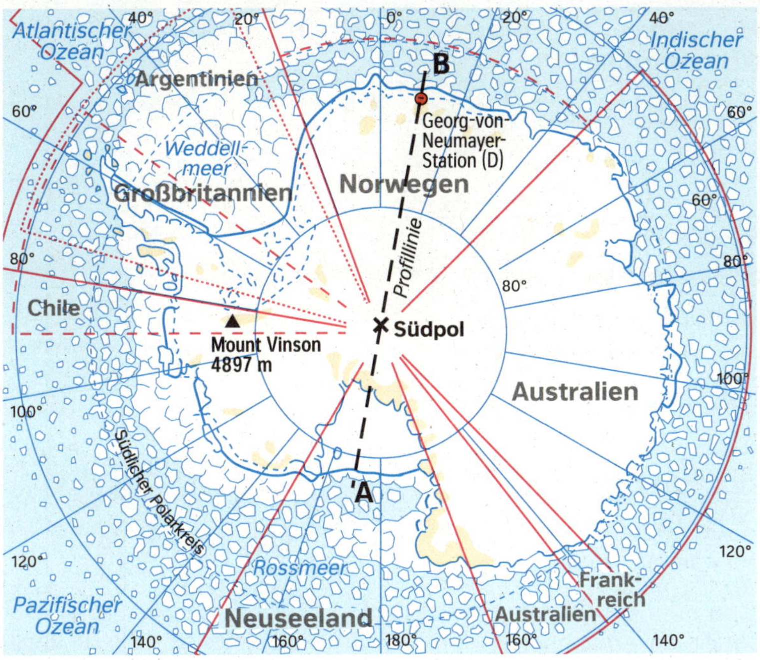

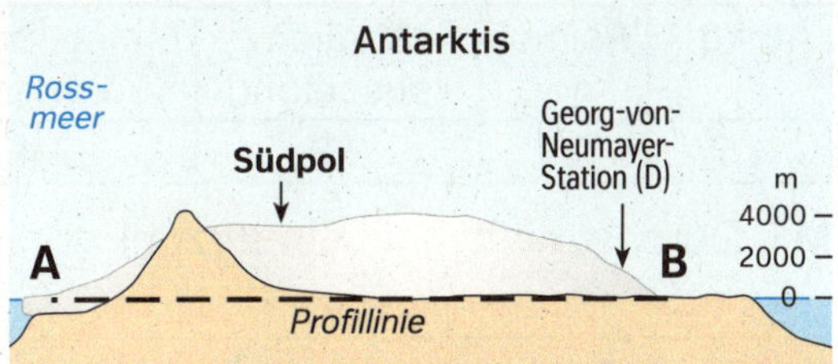

M1 Die Antarktis

1 Die Antarktis ist das Gebiet um den **Südpol**.
2 Die Antarktis ist ein **Kontinent**.
3 Unter dem Südpol befindet sich Land.
4 Das Land und die angrenzenden Meere sind mit **Eis** bedeckt.
5 Der höchste Berg ist der **Mount Vinson**.
6 Unter dem Eis vermutet man **Bodenschätze**.
7 Deshalb haben viele Länder Interesse an einem Teil der Antarktis.
8 Die Antarktis soll aber nicht zerstört werden.
9 Forscher dürfen hier arbeiten, aber die Tier- und Pflanzenwelt muss erhalten bleiben.
10 Dies regelt der **Antarktisvertrag**.

Aufgabe:

1. Trage ein.

Drei Ozeane umgeben die Antarktis:

____

____

____

Die Antarktis grenzt an zwei Meere:

____

____

Viele Länder haben Interesse an der Antarktis, weil es hier ________________ geben soll.

Der ________________vertrag wurde zum Schutz der Antarktis geschlossen.

Sieben Länder beanspruchen Gebiete in der Antarktis:

____

____

____

____

____

____

____

Die Neumayer-Forschungsstation liegt im Gebiet, das N _ _ _ _ _ _ _ beansprucht.

Der höchste Berg ist der ________________

________________ .

Die Weltbevölkerung wächst

Afrika	Asien	Australien / Neuseeland	Mittel- und Südamerika	Nordamerika	Europa	Welt
4,7	2,1	2,3	2,1	1,8	1,6	2,5

M1 Durchschnittliche Kinderzahl von Frauen

Niger (Afrika)	7,6	USA (Nordamerika)	2
Mali (Afrika)	6,9	Kanada (Nordamerika)	1,7
Irak (Asien)	4	Irland (Europa)	2
Pakistan (Asien)	3,2	Frankreich (Europa)	2
Guatemala (Mittelamerika)	3,8	Norwegen (Europa)	1,9
Bolivien (Südamerika)	3,3	Deutschland (Europa)	1,5
Ecuador (Südamerika)	2,6	Macao (Asien)	1

höchste durchschnittliche Kinderzahl pro Frau weltweit (Niger)
niedrigste durchschnittliche Kinderzahl pro Frau weltweit (Macao)

M2 Durchschnittliche Kinderzahl von Frauen in einigen Ländern

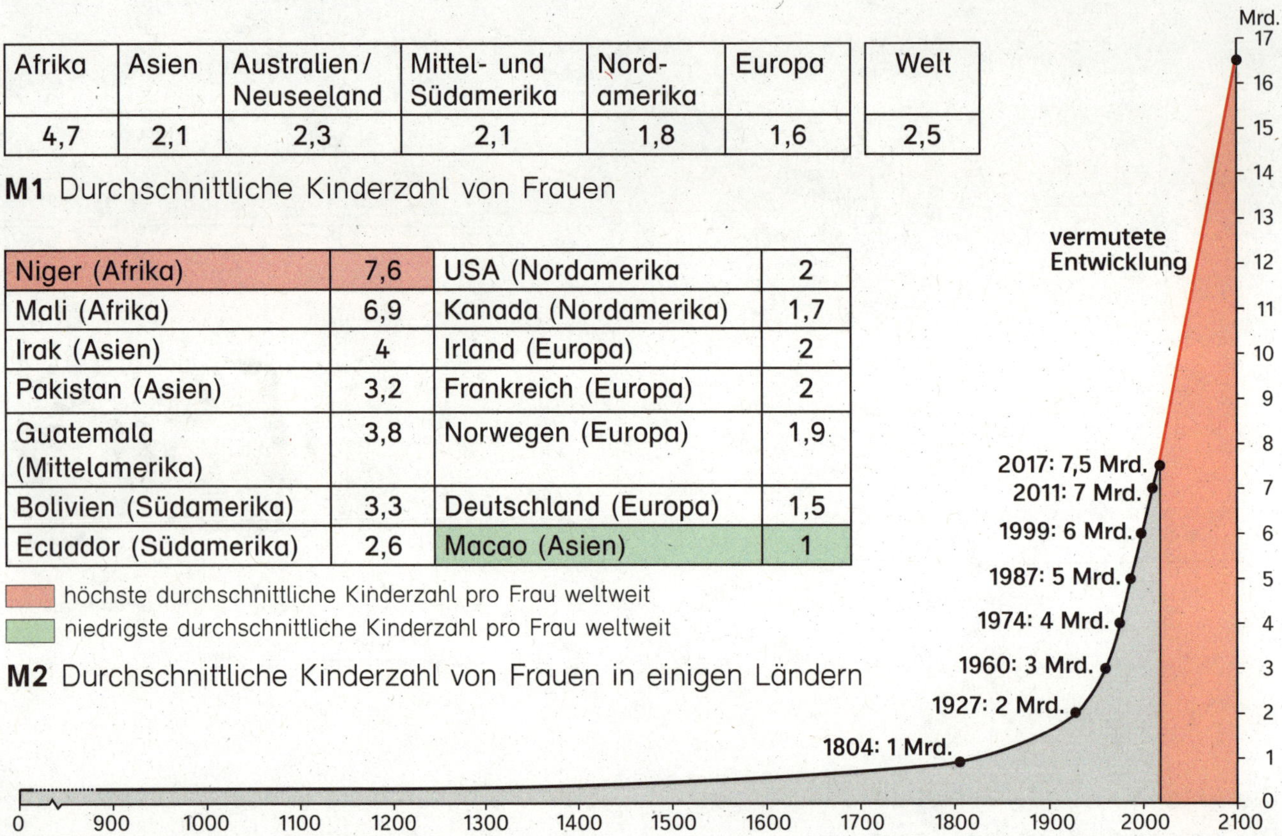

© westermann

M3 Entwicklung und mögliches Wachstum der Weltbevölkerung

1 Auf der Erde leben heute **über 7 Milliarden Menschen**.
2 Jede Sekunde kommen 2,7 hinzu.
3 Pro Jahr sind das 83,7 Millionen Menschen.
4 Die Bevölkerungszahl steigt aber nicht in allen Ländern gleichermaßen an.
5 In **Afrika** bekommen die Frauen **durchschnittlich die meisten Kinder**.
6 In **Europa** bekommen die Frauen **durchschnittlich die wenigsten Kinder**.
7 Der **Durchschnitt in der Welt** liegt bei **2,5 Kindern pro Frau**.

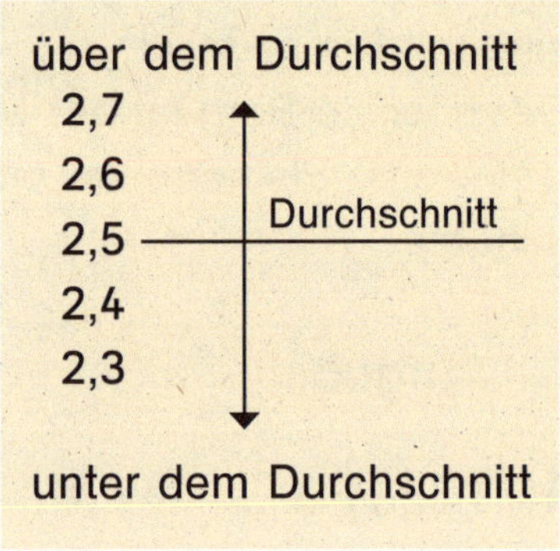

Aufgaben:

1. Lies M1. Ergänze jeweils „über“ bzw. „unter“ dem Durchschnitt in der Welt (wie im Beispiel).

Kinderzahl pro Frau in Afrika: über

Kinderzahl pro Frau in Asien: __________

Kinderzahl pro Frau in Nordamerika: __________

Kinderzahl pro Frau in Europa: __________

2. Notiere das Land mit der höchsten Kinderzahl pro Frau (M2).

____

3. Rechne mithilfe von M3 aus, wie viele Jahre es dauerte, bis die Weltbevölkerung die nächste Milliarde erreichte.

Beispiele: 1804 (1 Mrd.), 1927 (2 Mrd.)
1927 – 1804 = 123 Jahre

1927 (2 Mrd.), 1960 (3 Mrd.)
1960 – 1927 = 33 Jahre

4 Mrd. nach ________ Jahren

5 Mrd. nach ________ Jahren

6 Mrd. nach ________ Jahren

7 Mrd. nach ________ Jahren

Die Weltbevölkerung ist ungleich verteilt

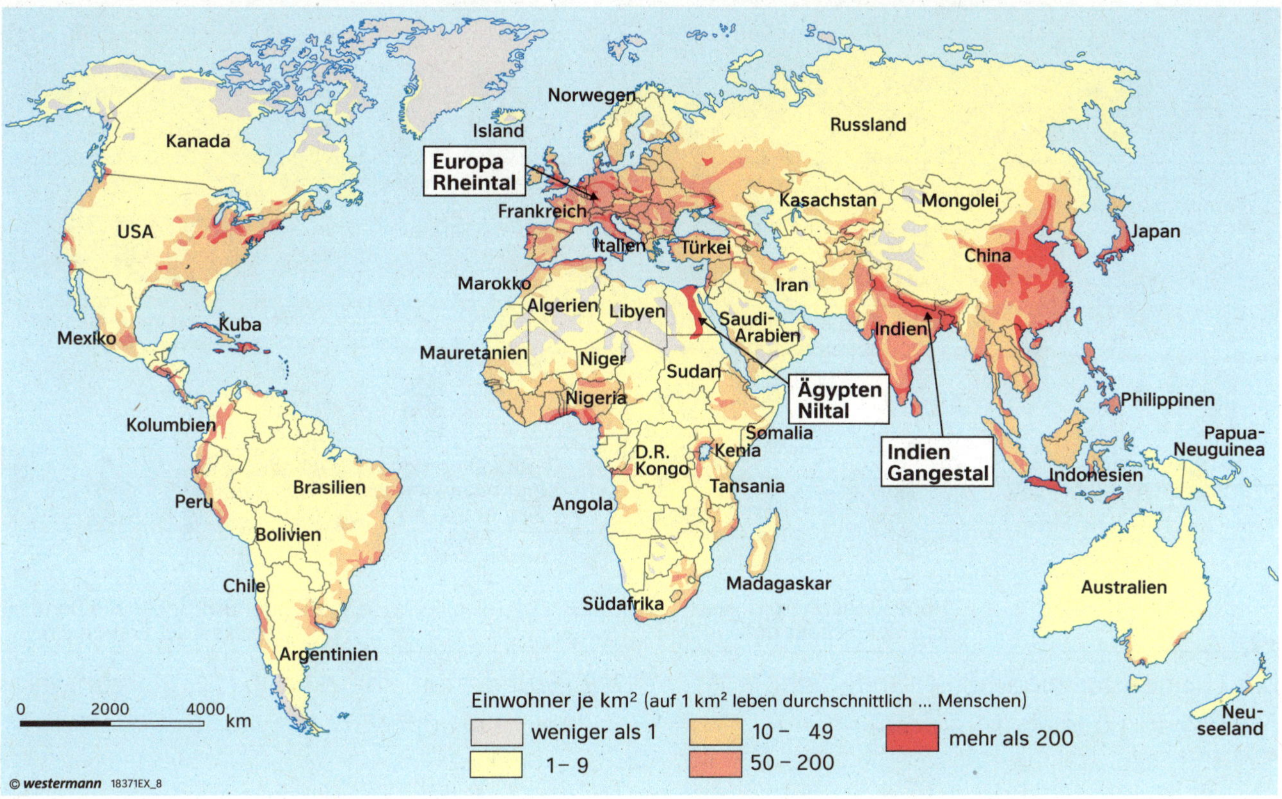

M1 Die Bevölkerungsdichte der Erde

1 Die **Bevölkerung** der Erde ist sehr **unterschiedlich verteilt**.
2 In **Asien** leben die **meisten Menschen**.
3 In **Australien** leben die **wenigsten Menschen**.
4 Aber auch in Asien ist die Bevölkerung nicht gleichmäßig verteilt.
5 Die **Bevölkerungsdichte** ist in einigen Gebieten extrem hoch, zum Beispiel in Flusstälern.
6 In anderen Gebieten ist sie niedrig.

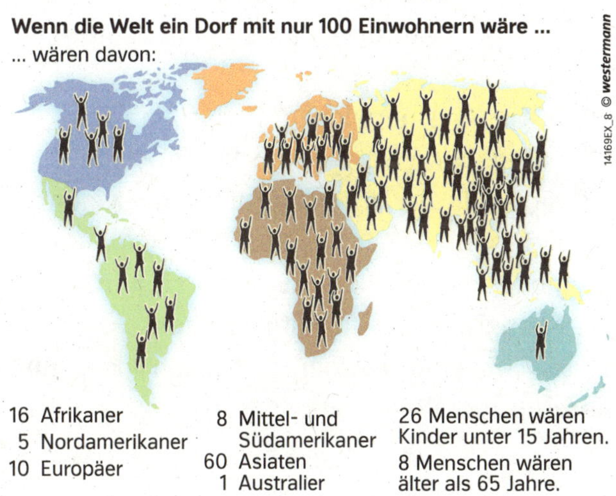

M2 Weltbevölkerung nach Kontinenten

Aufgaben:

1. Lies in M2 die Werte ab und trage sie ein.

Asiaten ________
Afrikaner ________
Europäer ________
Mittel- und Südamerikaner ________
Nordamerikaner ________
Australier ________

2. Notiere zwei Flusstäler mit einer hohen Bevölkerungsdichte.

____

____

3. Richtig oder falsch? Kreuze an.

a) Die Bevölkerungsdichte in Europa liegt überwiegend bei 50 – 200 Einwohner je km².

☐ richtig ☐ falsch

b) Die Bevölkerungsdichte in Australien liegt bei 10 – 49 Einwohner je km².

☐ richtig ☐ falsch

Viele Kinder erwünscht, wenige Kinder erwünscht

M1 Gründe für eine hohe Kinderzahl in armen Ländern (Auswahl)

M2 Gründe für eine niedrige Kinderzahl in reichen Ländern (Auswahl)

1 **Nigeria** ist ein Beispiel für ein Land, in dem **viele arme Menschen** leben.
2 Die Frauen bekommen im Durchschnitt 6 Kinder.
3 Viele Kinder sind wichtig für die Familien.
4 **Alte Menschen** bekommen **keine Rente**.
5 Sie sind auf die Unterstützung ihrer Kinder angewiesen.
6 Es gibt auch **kein Geld von Versicherungen** bei **Krankheit** und **Arbeitslosigkeit**.
7 Viele Menschen kennen sich auch nicht mit **Verhütungsmitteln** aus.

8 **Deutschland** ist ein Beispiel für ein Land, in dem die **Bevölkerungszahl abnimmt**.
9 Die Frauen bekommen im Durchschnitt 1,5 Kinder.
10 Viele Frauen sind berufstätig.
11 **Viele Frauen** bekommen ihr erstes Kind, wenn sie schon **älter** sind.
12 Manche möchten gar keine Kinder.
13 Gegen **Krankheit** und **Arbeitslosigkeit** gibt es **Versicherungen**.
14 Viele Frauen nehmen die Pille oder wenden andere **Verhütungsmittel** an.

Aufgaben:

1. Lies den Text und vergleiche mit M1. Notiere die Gründe, die im Text nicht genannt werden.

____

____

____

____

____

2. Lies den Text und vergleiche mit M2. Notiere die Gründe, die im Text nicht genannt werden.

____

____

____

____

____

Indien – über eine Milliarde Menschen

1 Die Frau in M1 trägt ein „Bindi“.
2 Das ist ein roter Punkt auf der Stirn.
3 Ursprünglich war das Bindi ein Zeichen der Religion des **Hinduismus**.
4 Das Baby auf dem Foto wurde am **11.05.2000** geboren.
5 Dadurch stieg die Bevölkerungszahl in Indien auf 1 Milliarde.

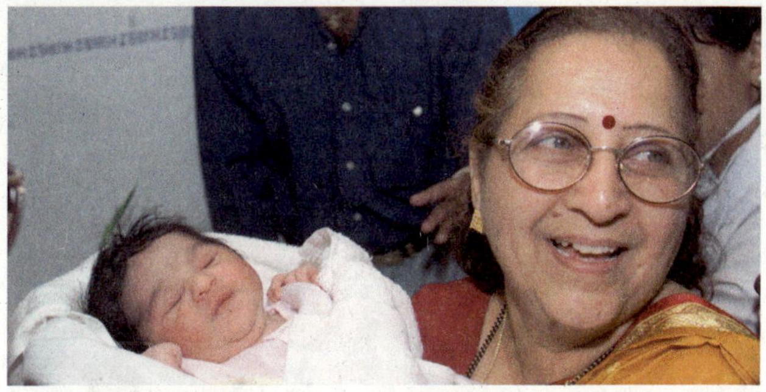

M1 Der 1-milliardste Mensch in Indien

Aufgabe:

1. Ergänze den Text.

Das Werbeplakat M2 zeigt ___ Personen.
Das sind:

V _ _ _ _ , M _ _ _ _ _ und _____ Kinder.
In der idealen Familie soll es nur _____ Kinder geben.

M2 Werbeplakat in Indien

6 Die **Bevölkerungszahl** Indiens **wächst**.
7 Jährlich kommen rund 18 Millionen Menschen hinzu.
8 Das ist mehr als die gesamte Bevölkerung Australiens.
9 **Bald** ist Indien **das bevölkerungsreichste Land der Welt**.
10 Die indische Regierung wirbt dafür, dass die Familien **nur noch zwei Kinder** bekommen.
11 Die durchschnittliche Kinderzahl pro Frau lag 2016 bei 2,5.

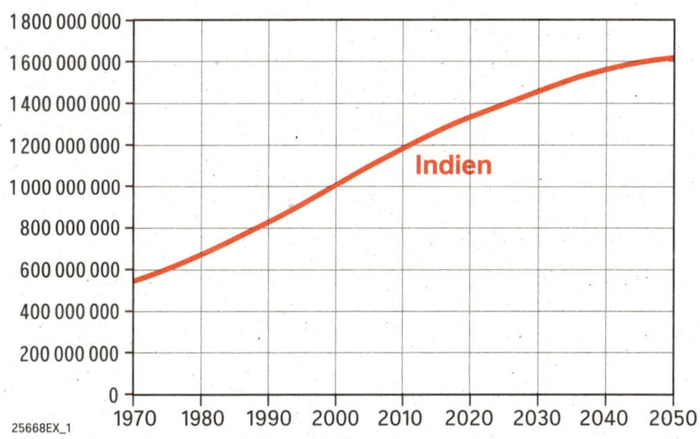

M3 Entwicklung der Bevölkerungszahl in Indien

Aufgaben:

2. Trage in M3 das Geburtsjahr des Babys in M1 durch einen Punkt in der Kurve ein.

3. Ergänze die Angaben.

Durchschnittliche Kinderzahl pro Frau in Indien 2016: _____

Ziel der Regierung: Kinderzahl pro Frau in Indien: _____

4. Betrachte die Kurve in M3. Kreuze die richtige Aussage an.
Das Bevölkerungswachstum in Indien wird sich vermutlich

☐ beschleunigen ☐ verlangsamen

5. Richtig oder falsch?
Das Werbeplakat können auch Menschen verstehen, die nicht lesen können.

☐ richtig ☐ falsch

China – das bevölkerungsreichste Land

M1 Ein Kind – die ideale Familie?

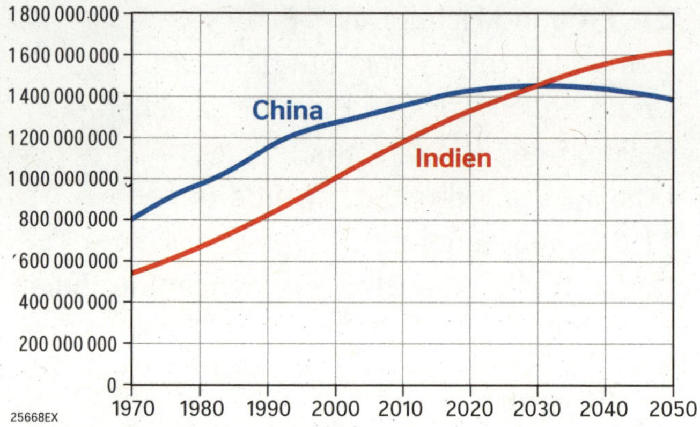

M2 Entwicklung der Bevölkerungszahl in China und Indien im Vergleich

1 Noch ist **China** mit 1,4 Milliarden Menschen das **bevölkerungsreichste Land der Erde**.
2 Indien wird China aber bald überholen.
3 Noch **wächst die Bevölkerungszahl** in China.
4 Dies soll aber bald nicht mehr der Fall sein.
5 Vermutlich wird die **Bevölkerungszahl** sogar **zurückgehen**.
6 Der Grund: Es werden weniger Kinder geboren und mehr alte Menschen sterben.
7 Jahrzehntelang hat die Regierung Familien mit mehr als einem Kind benachteiligt.
8 Sie verfolgte eine **Ein-Kind-Politik**.
9 Die Politik hatte **Erfolg**.
10 Die durchschnittliche Kinderzahl pro Frau liegt heute bei 1,7.
11 Doch diese Politik hat auch **nachteilige Auswirkungen**.
12 Die **verzogenen Einzelkinder** können schlecht mit anderen zusammenarbeiten.
13 Chinesische Firmen beklagen sich darüber.
14 Außerdem gibt es **mehr Jungen als Mädchen** in China.

Aufgaben:

1. Vergleiche die Bevölkerungsentwicklung in China und Indien. Ergänze den Lückentext.

Die Bevölkerungszahl in China wird vermutlich bis ungefähr 2020 ______________ - ______________________ (ansteigen / zurückgehen).

Die Bevölkerungszahl in Indien wird vermutlich bis 2050 ______________________ (ansteigen / zurückgehen).

Indien wird China bei der Bevölkerungszahl vermutlich im Jahr ______________ überholen.

2. Richtig oder falsch? Kreuze die richtige Aussage an.

Die Ein-Kind-Politik in China wurde aufgegeben, weil sie

☐ erfolglos war.

☐ nachteilige Auswirkungen hat.

Asien und Australien

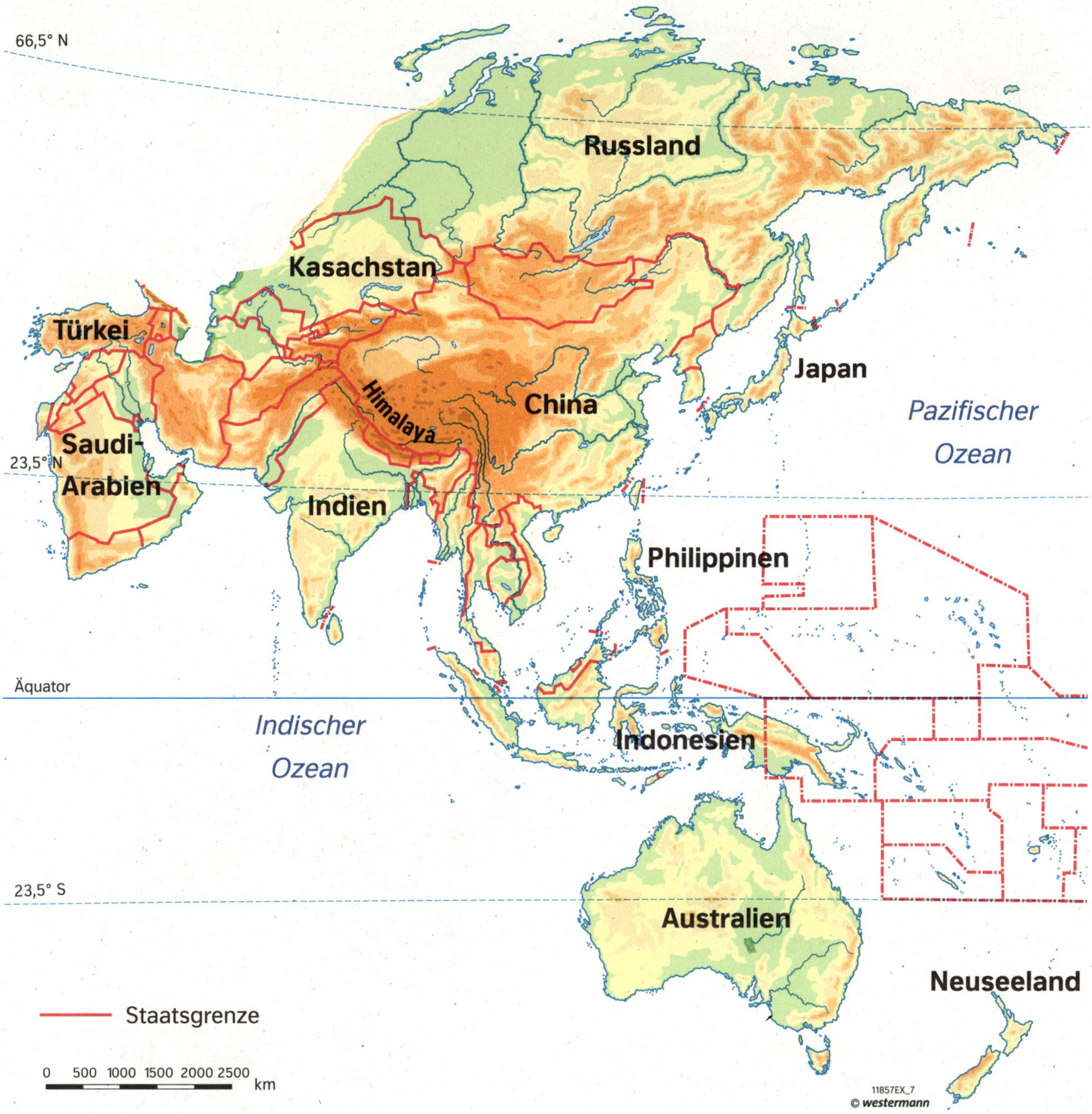

M1 Asien und Australien

Aufgabe:

1. Trage ein.

Am Pazifischen Ozean in Ostasien liegen die Länder C __ I __ __ und J __ __ A __ .

Am Indischen Ozean in Südasien liegt I __ __ I __ __ .

In Südostasien, zwischen dem Indischen und dem Pazifischen Ozean Liegen die Länder P __ I __ I __ __ I __ __ __ und I __ __ O __ __ __ I __ __ .

In Nordasien liegt R U __ __ __ A __ __ .

In Westasien liegen die Länder S __ __ __ __-A __ A __ __ __ __ und T Ü __ __ __ __ .

Der H I __ __ __ __ Y __ ist das höchste Gebirge der Erde.

Städte wachsen

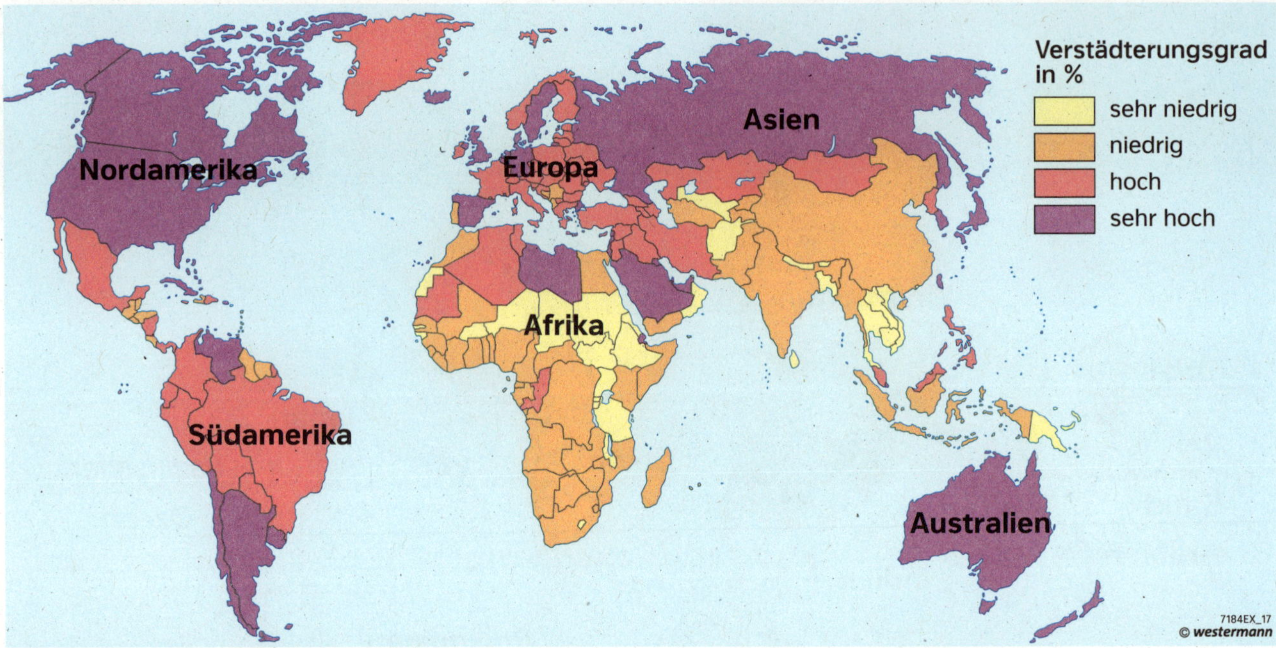

M1 Die Erde verstädtert.

1 **Jeder zweite Mensch** auf der Erde lebt inzwischen **in einer Stadt**.
2 Und die Zahl der Menschen in den Städten wächst.
3 Man spricht von der **Verstädterung** der Erde.
4 Allerdings findet die Verstädterung nicht gleichermaßen auf der Erde statt.
5 Es gibt Länder, die einen sehr hohen **Verstädterungsgrad** aufweisen.
6 Und es gibt Länder mit einem sehr geringen Verstädterungsgrad.
7 Der Verstädterungsgrad gibt an, wie hoch der Anteil der Menschen ist, die in Städten leben.
8 Ein sehr hoher Verstädterungsgrad bedeutet zum Beispiel, dass drei Viertel der Einwohner des Landes in Städten leben.

M2 Karikatur zur Verstädterung der Erde

Aufgaben:

1. Richtig oder falsch? Kreuze an.

a) In Afrika gibt es viele Länder mit einem hohen und sehr hohen Verstädterungsgrad.

☐ richtig ☐ falsch

b) In Nordamerika gibt es viele Länder mit einem hohen und sehr hohen Verstädterungsgrad.

☐ richtig ☐ falsch

2. Beschreibe die Karikatur. Ergänze dazu den Lückentext.

Die Karikatur zeigt eine __________ (Farbe) Kugel. Um die Kugel ist ein Tuch mit vielen ______________ (hohen/niedrigen) Häusern gezogen. Das Tuch wird mit einem Reiß________________ zugezogen. Dies bedeutet, dass die Verstädterung zunimmt.

Megastädte entstehen

M1 Die größten Städte weltweit

1 Leben **mindestens 5 Millionen Menschen** in einer Stadt, dann nennt man sie **Megastadt** oder **Megacity**.
2 Es gibt aber auch **städtische Agglomerationen** mit **mehr als 10 Millionen Einwohnern**.
3 Eine städtische Agglomeration in Deutschland ist die Rhein-Ruhr-Region.
4 Megastädte haben sich auf mehreren Kontinenten herausgebildet.
5 Aber nicht auf allen Kontinenten wachsen die Megastädte weiterhin stark an.

Aufgaben:

1. Trage die Megastädte mit starkem Wachstum wie im Beispiel in der Tabelle ein.

Megastadt/Agglomeration	Einwohner	Kontinent
Shanghai	über 20 Mio.	Asien

2. Ergänze die Lücken im folgenden Satz.

Megastädte mit starkem Wachstum gibt es nur in ______________ und ______________.

Menschen wandern vom Land in die Stadt

Push-Faktoren (Gründe, die die Menschen aus den ländlichen Gebieten „drücken“) • geringes Einkommen • wenige Arbeitsplätze • unrentable Landwirtschaft • schlechte Ausbildungsmöglichkeiten • schlechte medizinische Versorgung • schlechte Wohnverhältnisse • ...	**Pull-Faktoren** (Gründe, die die Menschen in die Städte „ziehen“) • vielfältiges Arbeitsplatzangebot • gute Ausbildungsmöglichkeiten • gute medizinische Versorgung • bessere Chancen auf ein gutes Leben • vielfältiges Warenangebot • bessere Wohnmöglichkeiten • ...

M1 Menschen verlassen ihr Dorf und ziehen in die Stadt.

Die Bevölkerungszahlen in den Megastädten nehmen zu. Die Bevölkerungszahlen auf dem Land nehmen ab. Dies liegt daran, dass viele Menschen ihre Dörfer verlassen und in die Stadt ziehen. Man spricht von einer **Land-Stadt-Wanderung** oder auch **Landflucht**. Es gibt viele Gründe, warum die Menschen ihre Dörfer verlassen. Man unterscheidet dabei nach **Push-Faktoren** und **Pull-Faktoren**. Die Menschen erhoffen sich ein besseres Leben in der Stadt.

Aufgaben:

1. Kreuze an, ob es sich um einen Push-Faktor oder um einen Pull-Faktor handelt.

a) schlechte medizinische Versorgung	☐ Pull-Faktor	☐ Push-Faktor
b) vielfältiges Arbeitsplatzangebot	☐ Pull-Faktor	☐ Push-Faktor
c) unrentable Landwirtschaft	☐ Pull-Faktor	☐ Push Faktor
d) schlechte Ausbildungsmöglichkeiten	☐ Pull-Faktor	☐ Push-Faktor
e) bessere Wohnmöglichkeiten	☐ Pull-Faktor	☐ Push-Faktor
f) vielfältiges Warenangebot	☐ Pull-Faktor	☐ Push-Faktor
g) wenige Arbeitsplätze	☐ Pull-Faktor	☐ Push-Faktor
h) geringes Einkommen	☐ Pull-Faktor	☐ Push-Faktor

2. Trage die richtigen Begriffe ein.

Verlassen Menschen ihr Dorf und ziehen in die Stadt, nennt man das __________-______________________ oder auch ______________ .

3. Ergänze die Sätze.

Die Menschen erhoffen sich ein __________ __________ in der Stadt.
Die __________-Faktoren ziehen die Menschen in die Stadt.

Shanghai – eine Megastadt

M1 Shanghai

M2 Abriss und Neubau in Shanghai

1 Shanghai ist eine **Megastadt**, die in den letzten Jahren stark gewachsen ist.
2 Die Wohnungen und Büros reichen nicht aus.
3 Es müssen **neue Häuser** gebaut werden.
4 Die **Fläche** soll aber optimal ausgenutzt werden.
5 Deshalb baut man **in die Höhe**.
6 Ganze **Stadtviertel** wurden schon **abgerissen**, um **Hochhäuser** zu bauen.
7 Die Menschen müssen ihre Wohnungen verlassen.
8 Für die vielen Autos müssen Straßen gebaut werden.
9 Wegen des **Platzmangels** baut man häufig **Hochstraßen auf Stützen** übereinander.

Aufgaben:

1. Beschrifte die Abbildungen.

2. Ergänze die Erklärungen.

Hochhäuser werden gebaut, weil die Fläche ______________________________ ______________________________ .

Ganze Stadtviertel wurden abgerissen, um ______________________________ .

Hochstraßen übereinander baut man, weil ____________________ herrscht.

Menschen leben in Slums

M1 Slum in Mumbai (Indien)

M2 Eindrücke aus dem Leben im Slum

benötigte Toiletten: 125 000	vorhandene Toiletten: 77 526 im Bau befindliche Toiletten: 6 050

M3 Sanitäre Anlagen in Slums in Mumbai

1 Mumbai ist eine Megastadt mit über 20 Millionen Einwohnern.
2 Davon leben 9 Millionen in **Slums**.
3 Die Menschen wohnen in **Hütten aus Wellblech** oder in **kleinen Häusern aus Stein**.
4 In den Hütten und Häusern gibt es **keinen Wasseranschluss** und oft auch **keinen Strom**.
5 Wasser muss von einer **Gemeinschafts-Zapfstelle** geholt werden.
6 Es gibt **nicht genug Toiletten**.
7 Die **Wege** sind **schmutzig**.
8 Die Menschen **sammeln verwertbaren Müll**, um etwas Geld zu verdienen.
9 Manche haben auch **Gelegenheitsjobs**.

Aufgaben:

1. Jamal lebt mit seiner Familie in einem Slum in Mumbai. Schreibe den Text um in eine Erzählung aus seiner Sicht.

Jamal: Ich lebe in einem ________________ in Mumbai.
Wir wohnen in ____.
Wir haben kein __________________ und keinen __________________.
Meine Mutter schickt mich jeden Morgen zur ______________________________, damit ich dort Wasser hole.
Es gibt nur wenige ________________ für alle Bewohner des Slums.
Die Wege sind ______________________.
Mein Bruder und ich suchen jeden Tag auf den Straßen von Mumbai nach verwertbarem ____________________. Den verkaufen wir dann.
Mein Vater hat manchmal einen ______________________________________.

2. Rechne mithilfe von M3 aus, ob es nach dem Bau genug Toiletten gibt.

☐ Ja, es gibt dann genug Toiletten. ☐ Nein, es gibt auch dann nicht genug Toiletten.

Menschen leben in Gated Communities

M1 Gated Communities in Buenos Aires (Argentinien)

1 Buenos Aires ist eine Megastadt mit über 14 Millionen Einwohnern.
2 Auch in Buenos Aires gibt es Slums.
3 Aber es gibt auch reiche Menschen, die in **Gated Communities** leben.
4 Eine Gated Community ist eine Wohnanlage, die **gut gesichert** ist.
5 Es gibt einen **Schutzzaun** oder eine **Mauer** und einen **bewachten Zugang**.
6 Die **Häuser** sind **modern** und **groß**.
7 Viele Häuser haben gepflegte **Gärten**.
8 Die größeren Gated Communities haben sogar einen Kindergarten, Schulen, ein Einkaufszentrum und ein Ärztehaus.
9 Die Bewohner wollen sich gegen **Kriminalität** schützen.

M2 Wohnhäuser in einer Gated Community

Aufgaben:

1. Unterstreiche in der Wortbox, was es in den Gated Communities in Buenos Aires gibt.

Mauer	Gewerbe	Golfplatz	See
Jachthafen	private Wohnhäuser	Sumpfwald	
Grünanlagen	bewachte Zugänge	Industrie	

2. Maria lebt in einer Gated Community. Berichte aus ihrer Sicht.

Maria: Ich wohne in einem ________________ Haus mit einem ________________ . Meine Schule ist ________________ .
Wir kaufen im ________________ ein.
In meiner Freizeit spiele ich ________________ auf einem ________________ . Unsere Wohnanlage ist ________________ .
Sie ist von einer ________________ umgeben.
So sind wir vor ________________ geschützt.

New York – Weltstadt mit kultureller Vielfalt

M1 Stadtteile in Manhattan mit großen Einwanderergruppen

M2 Manhattan – aus der Luft betrachtet

M3 In Chinatown

1 Städte sind das bevorzugte Ziel von **Einwanderern**.
2 **New York** war das **Ziel vieler Einwanderer** nach Amerika.
3 Ein Stadtteil von New York ist **Manhattan**.
4 In Manhattan gibt es Gebiete, in denen Menschen aus verschiedenen Herkunftsländern leben.
5 Sie prägen dort das Bild der Straßen.
6 New York ist auch eine **Weltstadt**.
7 Hier haben viele amerikanische und internationale **Firmen ihren Hauptsitz**.
8 Die Büros befinden sich in den **Wolkenkratzern** (Hochhäusern) der Stadt.
9 New York ist aber nicht nur ein **wirtschaftliches**, sondern auch ein **touristisches Zentrum**.

Aufgaben:

1. Notiere, woran du erkennen kannst, dass in Chinatown (M3) chinesische Einwanderer leben. ______________________________

2. Überprüfe mithilfe von M1.

a) Manhattan ist eine Halbinsel zwischen dem Hudson und dem East River.
☐ richtig ☐ falsch

b) Germantown liegt östlich des Central Parks. ☐ richtig ☐ falsch

3. Welcher Begriff passt nicht? Streiche ihn durch.
a) Manhattan – Wolkenkratzer – Reihenhaus – Stadtteil
b) New York – Hauptstadt – Einwanderer – Weltstadt
c) internationale Firmen – Touristen – Büros – wirtschaftliches Zentrum

Megastädte – Megarisiken

M1 Einkaufsviertel Shinjuku in Tokio

M2 Tokio mit Blick auf den Vulkan Fujisan

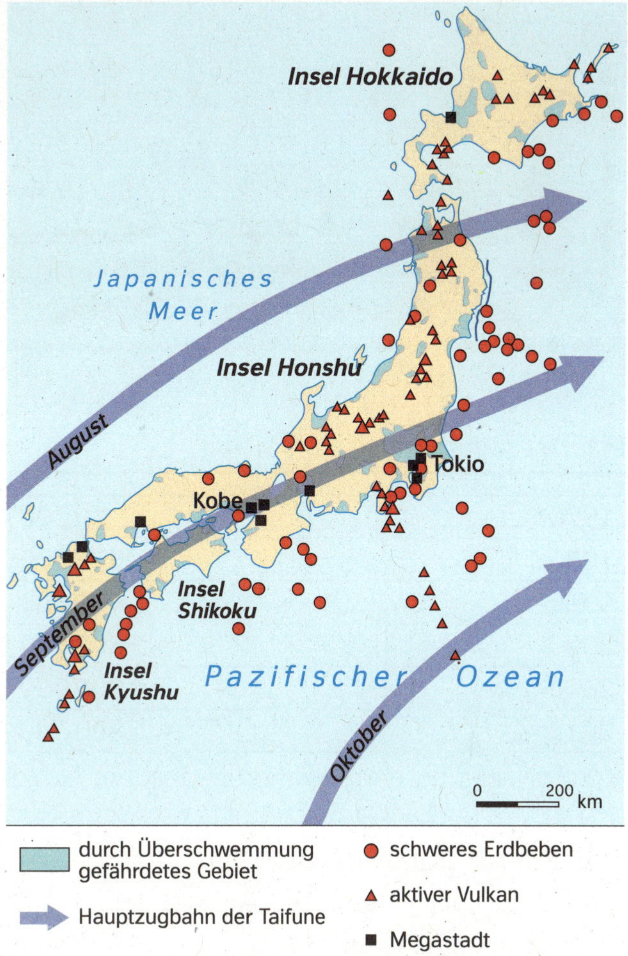

M3 Japan – Gefahr durch Naturkatastrophen

1 Tokio ist eine **Megastadt**.
2 Tokio ist die **Hauptstadt** von Japan.
3 Japan ist gefährdet durch **Naturkatastrophen**.
4 Es gibt Vulkanausbrüche, Erdbeben und Taifune (tropische Wirbelstürme).
5 In Megastädten sind die Auswirkungen größer als in kleinen Städten.
6 Hier sind wesentlich mehr Menschen betroffen als in kleinen Städten.

Aufgaben:

1. Notiere, woran du erkennen kannst, dass im Einkaufsviertel Shinjuku auch Touristen aus Europa, Amerika und Australien einkaufen.

____

2. Überprüfe mithilfe von M2 und M3.

a) In Tokio gibt es viele Wolkenkratzer. ☐ richtig ☐ falsch

b) Tokio ist nicht durch Taifune gefährdet. ☐ richtig ☐ falsch

3. Welcher Begriff passt nicht? Streiche ihn durch.

a) Tokio – Kleinstadt – Megastadt – Hauptstadt

b) Japan – Taifun – Staubsturm – Erdbeben

c) Kobe – Tokio – New York – Honshu

Dubai – neue Stadt in der Wüste

M1 Der Hafen von Dubai 1950

M2 Der Hafen von Dubai heute

1970	60 000
1980	276 000
1990	490 000
2000	862 000
2010	1 900 000
2017	2 800 000

M3 Entwicklung der Bevölkerungszahl in Dubai

männlich	77 %
weiblich	23 %

M4 Bevölkerungszusammensetzung in Dubai

1 Das **Emirat Dubai** mit der **Stadt Dubai** gehört zu den **Vereinigten Arabischen Emiraten (abgekürzt: V.A.E.).**

2 Etwa 1830 wurde an der Stelle der heutigen Stadt ein **Fischerdorf** gegründet.

3 Die Menschen lebten vom **Fischfang**, von der **Tierhaltung** und vom **Perlentauchen**.

4 In den 1960er-Jahren wurde **Erdöl** im Wüstenboden des Emirats entdeckt.

5 Durch den **Verkauf des Öls ins Ausland** erzielte Dubai enorme Einnahmen.

6 Immer mehr Menschen kamen nach Dubai, um hier zu leben und zu arbeiten..

7 Insbesondere **männliche Arbeitskräfte** kamen nach Dubai.

8 Weil das Öl langsam zu Ende geht, wurde Dubai zum **Touristenzentrum** ausgebaut.

9 Mit **großartigen Bauprojekten** steigerte man die **Attraktivität**.

In Dubai kann man bestaunen:

- künstlich aufgeschüttete Inseln im Meer in der Form von Palmenzweigen oder in der Form der Kontinente der Erde,
- eine Skihalle in der Wüste,
- das höchste Gebäude der Welt, den Burj Khalifa (etwa 830 m).

Aufgaben:

1. Ergänze mithilfe von M3 und M4.

Die Bevölkerungszahl in Dubai betrug

1970 ______________ und

2017 __________________ .

In Dubai leben mehr ______________ als

______________ (Frauen/Männer).

2. Setze die folgenden Begriffe in der richtigen Reihenfolge ein:
Tourismus, Fischerdorf, Erdölförderung

Masdar City – Stadt der Zukunft?

M1 Die Sonne ist für Masdar City die wichtigste Energiequelle: Photovoltaikanlagen

M2 Übersichtskarte der Vereinigten Arabischen Emirate (V.A.E.)

Masdar City:	geplante Stadt
Bauzeit:	2008 bis 2013
Stromgewinnung:	Windkraftanlagen, Photovoltaikanlagen
Trinkwasser:	Mit Sonnenenergie betriebene Meerwasser-Entsalzung
Müllentsorgung:	vollständiges Recycling
Gebäude:	dem heißen Klima angepasst
Verkehr:	Personal Rapid Transit

M3 Steckbrief Masdar City

M4 Personal Rapid Transit: führerloses Fahrzeug, kann bei Bedarf gerufen werden.

1 Masdar City ist eine **geplante Öko-Stadt** im Emirat **Abu-Dhabi.**
2 Sie liegt etwa 30 Kilometer östlich von Abu Dhabi.
3 Öko-Stadt bedeutet, dass die Stadt die **Umwelt nicht belasten** soll.
4 Es werden ausschließlich **erneuerbare Energien** genutzt: Sonne und Wind.
5 Es sollen **keine klimaschädlichen Stoffe ausgestoßen** werden.
6 **Müll** soll vollständig **recycelt** werden.
7 Sieht so die Stadt der Zukunft aus?

Aufgaben:

1. Trage ein.

Nachbarstaaten der V.A.E.:

S _ _ _ _ - A _ _ _ _ _ _ ,

O _ _ _ , I _ _ _

Angrenzende Meere:

P _ _ _ I_ _ _ _ _ _ G _ _ _ ,

_ _ _ _ VON _ _ _ _

2. Ist Masdar City eine Musterstadt für die Zukunft? Schreibe deine Meinung auf.

Bildquellen

|Alfred-Wegener-Institut, Helmholtz-Zentrum für Polar- und Meeresforschung, Bremerhaven: Ude Cieluch 29 M1. |Blickwinkel, Witten: Schmidbauer 19 M1. |dreamstime.com, Brentwood: Hel080808 18 M2; Stphoto 28 M2; Stu99 44 M3. |Eckert-Schweins, Werner, Ingolstadt: 46 M1. |fotolia.com, New York: arquiplay77 38 M2; Beboy 9 M1; BernardBreton 30 M1, 31 M1; Eichentopf, Wolfgang 14 M3; Haider Yousuf 46 M2; Light Impression 20 M2; photodiscoveries Titel; Radlgruber, Jakob 5 M1; shirophoto 45 M2. |Härle, Josef, Stade: 14 M2. |Herzig, Reinhard, Wiesenburg: 20 M1. |Huniewicz, Michal, London: 42 M2. |iStockphoto.com, Calgary: africa924 19 M2; amriphoto 44 M2; AnitaOakley 23 unten; Beboy_ltd 6 M1; dasbild 23 Mitte; davidf 45 M1; Delany, Brendan 27 M1; leaf 27 M2; Melnikov, Vladimir 26 M2; Nikada 41 M2; ranplett 14 M4; Young777 41 M1. |Karto-Grafik Heidolph, Dachau: 21 M2, 40 M1. |Masdar City, Abu Dhabi, UAE: 47 M4. |Medienkontor, Berlin: 28 M1. |Müller, Bodo, Bartensleben: 21 M3. |Müller, Rolf, Ølstykke: 14 M1. |NASA, Washington: 8 M1. |Nebel, Jürgen, Muggensturm: 43 M2. |Pauly, Friedrich, Erfurt: 22 M1. |Peterhoff, Dr. Frank, Lenggries: 26 M1. |Picture-Alliance GmbH, Frankfurt/M.: dpa-Zentralbild/ Schulze, Tom 24 M2; epa Nordfoto 3 M1; Koch 35 M2; Koene, Ton 24 M1. |Rademacher-Ponten, Christina, Münster: 42 M3. |REUTERS, Berlin: 35 M1. |Schmidtke, Kurt-Dietmar, Bad Malente-Gremsmühlen: 21 M1. |Schönauer-Kornek, Sabine, Wolfenbüttel: 9 M2, 15 M2, 19 M3, 22 M2, 28 M3. |Science Photo Library, München: Parker, David 7 M2. |Shutterstock.com, New York: merzzie 36 M1; Rehak, Matyas 42 M1. |© Emil Schulthess/Fotostiftung Schweiz, Winterthur: 26 M3. |© Foster + Partners, London: 47 M1.

© 2017 Bildungshaus Schulbuchverlage Westermann Schroedel Diesterweg Schöningh Winklers GmbH,
Georg-Westermann-Allee 66, 38104 Braunschweig
www.westermann.de

Das Werk und seine Teile sind urheberrechtlich geschützt. Jede Nutzung in anderen als den gesetzlich zugelassenen bzw. vertraglich zugestandenen Fällen bedarf der vorherigen schriftlichen Einwilligung des Verlages. Nähere Informationen zur vertraglich gestatteten Anzahl von Kopien finden Sie auf www.schulbuchkopie.de

Für Verweise (Links) auf Internet-Adressen gilt folgender Haftungshinweis: Trotz sorgfältiger inhaltlicher Kontrolle wird die Haftung für die Inhalte der externen Seiten ausgeschlossen. Für den Inhalt dieser externen Seiten sind ausschließlich deren Betreiber verantwortlich. Sollten Sie daher auf kostenpflichtige, illegale oder anstößige Inhalte treffen, so bedauern wir dies ausdrücklich und bitten Sie, uns umgehend per E-Mail davon in Kenntnis zu setzen, damit beim Nachdruck der Verweis gelöscht wird.

Druck A^5 / Jahr 2023
Alle Drucke der Serie A sind im Unterricht parallel verwendbar.

Die Seiten dieses Produkts bestehen zu 100 % aus Altpapier.

Damit tragen wir dazu bei, dass Wald geschützt wird, Ressourcen geschont werden und der Einsatz von Chemikalien reduziert wird. Die Produktion eines Klassensatzes unserer Arbeitshefte aus reinem Altpapier spart durchschnittlich 12 Kilogramm Holz und 178 Liter Wasser, sie vermeidet 7 Kilogramm Abfall und reduziert den Ausstoß von Kohlendioxid im Vergleich zu einem Klassensatz aus Frischfaserpapier. Unser Recyclingpapier ist nach den Richtlinien des Blauen Engels zertifiziert.

Redaktion: Brigitte Mazzega, Patrick Thies
Umschlaggestaltung: Gingco.Net Werbeagentur GmbH & Co. KG, Braunschweig
Layout: Druckreif! Sandra Grünberg, Braunschweig
Druck und Bindung: Westermann Druck GmbH, Georg-Westermann-Allee 66, 38104 Braunschweig

ISBN 978-3-14-**100476**-2